Rolf Robischon

Mathematik-Anfang
Selbstständig lernen von Anfang an

Rolf Robischon

Mathematik-Anfang

Selbstständig lernen von Anfang an

Rediroma-Verlag

Bibliografische Information der Deutschen Nationalbibliothek:
Die Deutsche Nationalbibliothek verzeichnet diese Publikation in der Deutschen Nationalbibliografie; detaillierte bibliografische Daten sind im Internet über http://portal.dnb.de abrufbar.

ISBN 978-3-98885-396-7

Zeichnungen: Rolf Robischon

www.rediroma-verlag.de
18,95 Euro (D)

Die Chance etwas selbst zu erfinden

Mathematik erfinden

Die Arbeitsvorlagen

Auf den Arbeitsvorlagen wird immer wieder auf Altes zurückgegriffen und auf Neues vorgegriffen, einfache Blätter wechseln sich ab mit schwierigen. Zwischendrin gibt es immer wieder Arbeitsblätter zum Sortieren, Ordnen, Vergleichen, zu Form und Farbe. Die genaue Beschreibung der einzelnen Blätter finden Sie ab Seite VI. Hier der Versuch einer groben Einteilung. Die Seitenzahlen geben an, wann der betreffende Rechenvorgang zum ersten Mal auftaucht:

Die Chance etwas selbst zu erfinden

oder zu entdecken hat Jean Piaget für jedes Kind gefordert.

Liebe Kollegin, lieber Kollege,
diese Chance sollen Schulanfänger mit den Arbeitsblättern des Matheanfangs bekommen (Was übrigens nicht bedeutet, dass nicht bereits jüngere Kinder damit arbeiten dürfen, wenn sie wollen!).
Mathematik, das sind Zahlen, Beziehungen und Abstände, Unterschiede, Abläufe, Möglichkeiten, Richtungen, Verteilungen, Anordnungen, Gleichgewichte, Verbindungen, Klänge, Farben.
Es sind nicht Aufgaben, die man richtig oder falsch löst, Gleichungen, bei denen hinten etwas herauskommt, Rechnungen, die man ausrechnet und deren Ergebnis feststeht wie ein Naturgesetz, denn:

Darstellungen und Schreibweisen in der Mathematik sind Vereinbarungen.

Wissen stellen Kinder nur her, wenn sie ihre eigene Arbeit und ihre eigenen Konstruktionen verstehen. Das, was ihnen die Lehrkraft vormacht oder zeigt, nehmen sie wahr als Möglichkeiten. Sie verstehen, dass da etwas gezeigt oder vorgemacht wird.
»Schaut her, Kinder: 7 + 3 = 10. Habt ihr das verstanden?«
»Ja, wir haben verstanden, dass du da etwas gemacht hast. Wenn es dich freut und wenn du uns dafür belohnst, können wir das, was du gesagt hast, auch nachsprechen und uns daran gewöhnen.
Verstehen können wir es erst, wenn wir selber so etwas gemacht haben. Oder lieber etwas Ähnliches. Es gibt ja noch andere Möglichkeiten. Wie wäre es mit 7 + 2 = 27 ?«
Wie Kinder ihr Wissen herstellen, hat mit ihren Bedürfnissen, ihren Neigungen, den Lebensbedingungen, den subjektiven Wahrnehmungen, ihrer Kraft und ihrer Wachheit zu tun.

Kinder können eigenes Wissen nur herstellen, wenn sie Irrtümer erkennen und feststellen dürfen, ob eigene Konstruktionen ungeeignet sind.

Wenn ein anderer Mensch einem Kind oder einem Kinderteam sagt: »Das, was ihr da gemacht habt, ist aber falsch. Das klappt ja gar nicht«, dann nimmt er den Kindern den Wind aus den Segeln. Traditionelle Schule will Kinder daran

hindern, Fehler zu machen. Das ist so gut gemeint und trotzdem ein schlimmer Eingriff in den Lernvorgang. Weil es immer so war, nimmt man es hin. Und wundert sich, dass Kinder in der Schule so viel vergessen, viele Zusammenhänge nicht verstehen, Verbindungen und Anordnungen nicht selber herstellen können. Sie können, wenn es zu ihren Lebensbedingungen und ihrer Wachheit passt, die Aufgaben und Lösungen, die die Lehrkraft erwartet, nachmachen, um die erwünschten Punkte dafür zu bekommen.
Mit Wissen und Verständnis hat das kaum zu tun. Natürlich ist es ohne Weiteres für einige Kinder möglich, auf eigenen Abkürzungen und Umwegen neben dem traditionellen Unterricht ihr eigenes Wissen herzustellen. Dafür bekommen sie dann keine Punkte. Mathematik wird von vielen Lehrkräften als etwas Unerschütterliches und von der Natur Vorgegebenes angesehen, sodass sie das Suchen nach anderen Möglichkeiten und Abläufen zutiefst stört.
2 + 2 ist schließlich 4, Amen.
Sie lassen die Kinder die Zahlzeichen nur in ganz bestimmten Bewegungen herstellen, nur in einer bestimmten Reihenfolge, eigene Wege sind nicht erwünscht.
Kinder finden daraufhin allmählich Mathematik langweilig, schwer, blöd. Erfolg in Mathematik ist dann nur noch, genug richtige Lösungen abgeben zu können gegen Belohnung.

Mir kommt es darauf an, dass Kinder Möglichkeiten finden dürfen, Irrtümer und Ungeeignetes selber und miteinander erkennen und überarbeiten dürfen und dass sie bei der Arbeit miteinander reden.

Natürlich müssen sie sich auch frei bewegen dürfen und ihre Arbeitspartner selber aussuchen dürfen. Dieser Mathematik-Anfang lässt Kinder offen und selbstständig miteinander arbeiten und lernen. Die Lehrerin, der Lehrer muss nicht mehr den Ablauf von Unterricht im Voraus planen, sondern muss nur noch die Lerngelegenheiten bereitsstellen, fragende Kinder auf andere verweisen, die sich schon auf die Suche nach Möglichkeiten, Umwegen und Abkürzungen gemacht haben. Und natürlich müssen die Eltern gründlich darüber informiert werden, was Lernen für ein Vorgang ist.
Eltern kennen Schule aus ihrer eigenen Kindheit und halten vielleicht die damals erlebten Abläufe für ein notwendiges Übel (Lehrjahre sind keine Herrenjahre. Was ein Häkchen werden will, krümmt sich beizeiten. Was Hänschen nicht lernt, lernt Hans nimmermehr!) und sagen ihrem Kind, es müsse sich Mühe geben und aufpassen.
Ich hoffe, Sie dürfen Eltern informieren, die schon lange wissen oder geahnt haben, dass die alte Struktur von Schule mit richtig und falsch, gut und schlecht, schwer und leicht, mit Belohnung und Strafe, mit dem Einpauken wollen, Kontrollieren und Bewerten nach angeblich objektiven Maßstäben gar nicht wie beabsichtigt funktioniert.

Kinder stellen ihr Wissen her nach ihren Wahrnehmungen über Abläufe und Zustände, Zeichen, Farben, Töne.

Sie nehmen wahr, dass es zum Beispiel Darstellungsweisen wie die mathematischen gibt und konstruieren danach eigene. Was ein Kind weiß, hat es selber hergestellt, konstruiert, erfunden.
Wenn ein Mensch etwas hergestellt oder festgestellt hat, dann ist es sein natürliches Bedürfnis, das anderen mitzuteilen.
Noch besser ist es, wenn während der Konstruktion Gespräche stattfinden: »Ich mach das jetzt so. Schau mal, wie ich die beiden aufeinander setze. Oh, jetzt ist das Ganze umgefallen. Wie hast du das gemacht? Deins sieht anders aus als meines.«
Traditionelle Schule hindert Kinder zunächst einmal daran, miteinander zu sprechen. Denn dann hören sie ja der Lehrkraft nicht zu und passen nicht auf, konzentrieren sich nicht, sind nicht still.
Nach meinen Informationen und Beobachtungen ist es das Hauptproblem von Lehrkräften, Kinder, Jugendliche und junge Erwachsene zum Schweigen und Zuhören zu bringen. Das klappt nie richtig. Kein Wunder, schließlich ist es für Menschen lebensnotwendig, miteinander zu sprechen. Eins der wichtigsten Bedürfnisse von Menschen sind andere Menschen, neben Nahrung, Wärme, Platz, Liebe, der notwendigen Distanz und Erfolg. Die Gewichtung ist subjektiv.
Es ist wichtig, dass Kinder miteinander reden: bei der Arbeit mit dem Matheanfang und bei der Arbeit mit anderen Materialien wie bunten Steckwürfeln oder magnetischen Holzklötzchen in verschiedenen Farben und Formen, mit magnetischen Bildern und Zahlen.
Der Lehrer/die Lehrerin setzt sich dazu, beobachtet, hört zu und redet mit. Sie oder er bringt Kindern nicht etwas bei, als seien sie unvollständig und müssten ergänzt werden. Bei der Arbeit mit dem Mathematik-Anfang werden Sie immer wieder beobachten können, dass Sie an der Tafel etwas nur anfangen, z.B. eine Tabelle. Und mehrere Kinder verstehen die Möglichkeiten und können selber auch Tabellen herstellen, vielleicht andere. Lehrkräfte, die es gewöhnt sind traditionell zu arbeiten, würden nun nicht aushalten, dass auch eine ganze Reihe von Kindern sich nicht um die Tabelle kümmert, sie gar nicht wahrnimmt, an etwas anderem arbeitet. Sie würden mit allen ihnen zur Verfügung stehenden Mitteln, Strenge oder Freundlichkeit, Appell, Drohung oder Entertainment, die Aufmerksamkeit der Kinder auf dies Problem richten wollen, die Zusammenhänge »erklären« und hinterher oder nach ein paar Tagen feststellen, dass so viele überhaupt nicht kapiert haben, um was es geht, Tabellen nicht lesen können und vielleicht sogar gequält aufstöhnen, wenn wieder eine an der Tafel erscheint. Im Mathematik-Anfang sind all die Dinge, die ein Kind in der ersten Klasse lernen soll und kann, in verschiedenen Darstellungsweisen und offen für Möglichkeiten angeboten. Wenn ein Kind davon etwas oder mehr auslässt oder unvollständig bearbeitet, hat es immer noch viel erreicht.

Die Kinder sammeln die Lern- und Arbeitsblätter in einem Schnellhefter als eigenes Mathematikbuch. In der zweiten Hälfte des Schuljahres gibt es weniger Arbeitsblätter, dafür ein großes Mathematikheft für die Angebote von der Tafel. Das sollten immer mehrere und verschiedene sein. Wache und starke Kinder bearbeiten alles, was ihnen unter die Finger kommt. Schwache, müde oder problembeladene Kinder arbeiten viel weniger und haben viel mehr davon, wenn Sie, die Lehrkraft, erkennen, dass es ihnen nicht gut geht. Kinder merken sehr schnell, dass es mir besonders wichtig ist, zu erkennen, wie es einem Kind geht an diesem Tag.

Wenn es einem Kind nicht gut geht, wenn es Probleme, Ängste und Sorgen hat, dann ist dies das Wichtigste, was es für dieses Kind im Augenblick gibt. Es ist aus dem Gleichgewicht geraten. Es wird in diesem Zustand nichts von dem lernen können, was ihm angeboten wird. Allein, dass es erfährt, man nimmt seinen Zustand wichtig, man nimmt es ernst, hilft diesem Kind.

Martina schrieb an den Rand ihres Arbeitsblattes: »Ich bin blöt«.

Als ich diese Mitteilung entdeckte (dazu war sie ja da), setzte ich mich zu ihr und unterhielt mich mit ihr, über sie, über ihre blauen Augen, ihre Traurigkeit, ihre Sorgen (nicht welche Sorgen, sondern, dass sie Sorgen hatte). Etwas später reichte sie mir ein Zettelchen, auf dem stand »Du bisned zu mir«.

Solche Geschichten sind viel wichtiger für die Entwicklung von Kindern als die Lösung und Ablieferung von geplanten Aufgaben. Natürlich konnte Martina auch mit den Zahlen, Symbolen, Tabellen, Farben und Formen dieser Arbeitsblätter umgehen. Die muss man Kindern nicht erklären. Kinder sagen der Lehrkraft, was ihnen dazu einfällt.

An alle Tafeln schreibe ich Möglichkeiten, Muster, Gleichungen usw. Jens, der als Kindergartenterrorist berüchtigt war und immer erst einmal ausweicht, steht von Weitem und schaut sich an, was an der Tafel ist. Wenn er mit dem Finger zu deuten anfängt, sozusagen aus der Ferne schreibt, ein paar Schritte näher kommt, kann ich ihm eine Kreide hinhalten. Dann nimmt er die und fängt an zu arbeiten. Oder er schüttelt den Kopf, dreht sich um und geht lieber zur Schreibmaschine, zu einem Spiel oder nimmt sich eins von den vielen Nachschlagewerken.

Viele glauben, dass ein Kind bei einer offenen Arbeitsweise, bei so viel Freiheit, nicht lernt, was es lernen soll.

Das muss ich richtig stellen oder anders nennen:

Das Kind lernt, so viel es kann, wenn ich ihm die Möglichkeiten zur Verfügung stelle und wenn ich ihm die Verantwortung für das, was es tut, grundsätzlich und völlig selber überlasse.

Freiheit, die man einschränkt oder bröckchenweise zuteilt, ist keine Freiheit. Wenn ich mir wünsche, dass dieser kleine Mensch (und die anderen um ihn

herum) sich zu einem freien großen Menschen entwickelt, der die Würde und Anschauungen anderer achtet, gut mit sich und anderen umgeht, dann kann ich das nur so entstehen lassen.
Ein Beispiel für einen möglichen Ablauf einer Mathematikstunde in der ersten Klasse:
Im Zimmer sind schon bunte Steckwürfel, magnetische bunte Klötzchen, Zählrahmen, Lernkarten. An die Tafeln habe ich schon vorher ein paar große Zahlen 1 2 3 4 5 6 geschrieben, ein Dreieck, einen Kreis, ein Quadrat, ein Rechteck gezeichnet, die Wörter rot grün blau gelb in der jeweiligen Farbe hin geschrieben, ein paar Würfel und Dominosteine gezeichnet, bei einem oder zweien auch die Zahl dazu geschrieben.
All das kann ich auch schreiben und zeichnen, wenn ich erst nach den Kindern ins Zimmer komme. Wenn es jedoch vorher an den Tafeln ist, fangen etliche Kinder schon an zu arbeiten. Wenn sie nach einiger Zeit wissen, wo die Arbeitsblätter im Schrank liegen, die sie sich nehmen dürfen, dann holen sie sich diese. Kinder bewegen sich gern beim Arbeiten. Bei mir im Zimmer habe ich Kinder gesehen, die auf dem Sitzball stehend an der Tafel arbeiteten. Vorsichtig, wie ich als alter Beamter bin, habe ich mich doch in die Nähe gestellt. Aber Kinder, die ihr Gleichgewicht selber finden dürfen, fallen nicht. Notfalls frage ich das Kind, ob es sicher steht. Wenn es mir versichert, dass es nicht fällt, kann ich weggehen.

Zu meinem Konzept gehört, Kindern viel zuzutrauen.

Wenn das Kind gesagt hätte »Ich weiß nicht«, dann hätte ich ihm angeboten, es abzusichern.
An der Lernuhr an der Wand, bei der an Stelle der Ziffern kleine Klötzchen mit den Stunden- oder Minutenangaben stecken, drehe ich den Klotz um, der das Ende der Stunde anzeigt und verweise die Kinder darauf: So viel Zeit haben wir zum Arbeiten. Dann können wir an die frische Luft oder frühstücken oder die Schule ist aus.
Ich sage »wir«, weil ich ja auch mitarbeite. Ich baue mit Steckwürfeln, ordne Zahlen, schreibe die möglichen Darstellungsweisen von Zahlbeziehungen auf, packe Rechengeld aus, lege Kreide an die Tafeln usw.
Mehr ist nicht zu beschreiben an einem Ablauf einer Mathematikstunde. Ich weiß ja noch nicht, was kommt. Vielleicht landet wieder ein Ballon auf dem Feld hinter der Schule. Oder der Elektriker, den die Kinder kennen, kommt um nach den Lampen zu sehen. Wenn er sich ein paar Minuten im Zimmer aufhält, kann er abends am Stammtisch im Dorf erzählen, wie intensiv die Erstklässler Mathematik gelernt und gearbeitet haben, obwohl der Lehrer gar keinen »Unterricht« hält. Und wenn Eltern wissen wollen, wie denn so eine freie Arbeit läuft, können sie sich ja dazu setzen.
Haben Sie misstrauische Kolleginnen und Kollegen oder eine kritische Schulleitung?

Geben Sie ihnen diese Einführung zu lesen. Verweisen Sie auf Edmund Kösels *Modellierung von Lernwelten*, Howard Gardners *Wie Kinder denken – Der ungeschulte Kopf*, Wulf Wallrabensteins *Offene Schule – offener Unterricht*, Steven Pinkers *Sprachinstinkt*, Fritjof Capras *Lebensnetz*, auf die unendlichen Probleme der traditionellen Schule und schließlich auf die Forderungen der Wirtschaft nach Teamfähigkeit und kooperativer Selbstqualifikation. Genau so etwas lässt der Mathematik-Anfang entstehen.
Lassen Sie sich auf diesen Anfang ein und entwickeln Sie eigene Formen und Möglichkeiten dazu.

Ein gutes Gelingen wünscht Ihnen

Rolf Robischon
aus Freiburg

Mathematik erfinden
Arbeiten, so wie die Spinne ihr Netz baut

Der Hintergrund:
Zählen, ordnen, vergleichen sind menschliche Bedürfnisse. Hier bekommen kleine Kinder Material ohne Arbeitsaufträge und Anweisungen. Kinder können Möglichkeiten finden und anfangen, mathematisches Verständnis zu entwickeln. Dazu müssen sie sich auch irren dürfen.

Die praktische Seite:
Diese Vorlagen müssen Kindern nicht erklärt werden, denn alles, was Kinder damit tun, ist richtig.
Die Kinder können dieselben Arbeitsblätter in beliebigen Abständen immer wieder bearbeiten – Üben ist Erfolg wiederholen.
Man sollte aber die Kinder nicht immer mit Vorlagen zu demselben Thema »zuschütten«. Sie sollen Ruhe- und Denkpausen dazwischen haben. Sie können so Anker setzen wie die Spinne, wenn sie ihre Spannfäden zieht und dann und immer wieder Zwischenfäden durchziehen.

Vorlage 12, ein Beispiel:
Die Anordnung in diesem Heft ist also aufsteigend, jedoch etwa so, wie ich sie den Kindern geben würde, zum Beispiel Formen unterscheiden auf Vorlage 12 und dann wieder erst auf Vorlage 15, dazwischen die Addition, die schon auf Vorlage 7 begonnen wurde. Ich möchte Ihnen damit die Arbeit erleichtern: Sie können den Kindern einfach die Vorlagen in der vorgegebenen Reihenfolge geben. Allerdings können Sie natürlich auch nach Belieben springen.
Und bitte, vergessen Sie nicht: Kinder können manche Vorlagen mehrmals gebrauchen. Besonders die mit den offenen Aufgaben. Sie machen vielleicht jedesmal dasselbe damit – dann haben sie das nötig – sie machen vielleicht auch etwas anderes damit!

- Beispielsweise könnten die Kinder die Vorlage Nr. 12 nur einfach anmalen.
- Das nächste Mal malen sie die gleichen Formen gleich an.
- Das nächste Mal verbinden sie die gleichen.
- Vielleicht zählen sie auch, wie viele von jeder Sorte da sind
- und schließlich finden sie die kleinen, die zu den großen passen heraus.

Das wären fünf verschiedene Verwendungsmöglichkeiten gewesen.
Die sechste wäre nun, die Kinder selbst Vorlagen erstellen zu lassen – vielleicht möchten die Kinder einander Aufgaben stellen: »Wie viele Kreise sind auf meinem Bild ...?« oder Sie stellen den Kindern Aufgaben: Male ein Blatt mit 3 Kreisen, 4 Dreiecken und 5 Quadraten usw.

So gehen Sie vor:
Jedes Kind bekommt einen Ordner oder ein Ringbuch, in dem es seine Arbeitsblätter abheftet zu einem eigenen Rechenbuch.
Die Lern- und Arbeitsblätter können Sie vom ersten Schultag an einsetzen. Sie können dieselben Vorlagen immer wieder einmal verwenden, zur Wiederholung, zur Übung, um ganz neue Dinge damit auszuprobieren. Sie werden sehen, Kinder finden verschiedene Möglichkeiten!
Sie können auch problemlos die Reihenfolge ändern. Um Papier zu sparen, kopieren Sie doch auf die Rückseiten dieselbe, ähnliche oder ganz andere Seiten aus dieser Mappe.
Nach kurzer Zeit sollte jeweils eine Auswahl angeboten werden. Die schwierigeren Arbeitsblätter für schnelle Kinder – sie sind in der Übersicht auf den nächsten Seiten mit Stern (*) gekennzeichnet – bieten Sie immer zusammen mit einfacheren Vorlagen an. An der Wandtafel werden von Ihnen immer wieder die Schreibweisen der Zahlen und die Zeichen mit ihren Sprechweisen gezeigt.
Außerdem sollte an der Tafel immer ein breites Angebot von unterschiedlichen Aufgaben stehen, auch solche Aufgaben, die eine Herausforderung für die Kinder darstellen. An solche Aufgaben mit größeren Zahlen als sie im Lehrplan für die erste Klasse vorgesehen sind, malen Sie ein oder mehrere Sternchen.
Die Kinder können die Aufgaben auf ein Blatt übertragen, in ein Heft oder sie arbeiten direkt an der Tafel. Und wer an einem oder mehreren Tagen nicht schreiben kann oder will, findet im Zimmer weiteres Material zum Bauen, Konstruieren, Ausschneiden, Zusammensetzen.
Die Kinder lernen selbstständig und miteinander. Wenn ein Kind nicht weiß, wie es anfangen soll, kann ihm ein kurzer Hinweis gegeben werden: »Die Dreiecke, die nach oben zeigen, sind rot.« Oder das fragende Kind wird an andere verwiesen, die schon angefangen haben und die Möglichkeiten »erfunden« haben. Wenn ein Kind fragt: »Was muss ich da machen?«, fragen Sie zurück: »Was kannst du da machen?«

Vorlage 1: Sprechanlass, Zahlzeichen bis 5, Anzahlen. Eine Vorlage zum Ausmalen und Sich-an-die-Zahlen-Gewöhnen.

Vorlage 2: Zählen, Anzahlen auf einen Blick erkennen, Zahlen zuordnen und schreiben.

Vorlage 3: Anzahlen darstellen, Zahlen schreiben, eigene Würfelbilder malen und Zahlen finden.

Vorlage 4: Würfelbilder, Dominobilder. Manche wissen vielleicht schon: Zum Dominostein kann man drei Zahlen schreiben: Vorbereitung der Addition.

Vorlage 5: Welche Zahl entspricht welcher Menge? Zahlen im Würfelbild darstellen.

Vorlage 6: Welche Ordnung lässt sich hier finden? Gleiche Zahlen verbinden oder in der Reihenfolge verbinden, verschiedene Farben für jede Abfolge.

Vorlage 7: Einfache Additionen an Würfeln.

Vorlage 8: Einfache Additionen an Dominosteinen. Eine Summe über 10 ist schon dabei! Zahlenreihe bis 10.

Vorlage 9: Einfache Additionen an Würfelbildern. Kinder lernen: Was ich schon kann, ist ganz leicht. Kinder, die sehr sicher sind, bearbeiten diese Vorlage nicht mehr, unsichere nehmen sie gern.

Vorlage 10: Additionen an Würfelbildern. Bei manchen Additionen fällt etwas auf: gleiche Ergebnisse!

Vorlage 11: Würfelbilder beschriften, Gleiche verbinden, Reihenfolgen herstellen, Additionen herstellen, Ordnung durchblicken: Welches Würfelbild fehlt eigentlich?

Vorlage 12: Arbeitsvorschlag z. B.: Die Dreiecke sind rot! Formen erkennen und benennen (Kreis, Dreieck, Quadrat, Rechteck), System erkennen (Die Formen stehen horizontal und vertikal immer in der gleichen Reihenfolge): Wie wäre eine nächste Reihe angeordnet? Farbanordnung auf die Verkleinerung übertragen. Lesen Sie dazu bitte auf Seite X unter Vorlage 12, ein Beispiel.

Vorlage 13: Würfelbild-Additionen mit 3 Summanden: Das Ergebnis ist immer 10, bis auf eine Ausnahme. Einen Einser-Würfel dazu setzen?

Vorlage 14: Zahlen schreiben, zwei oder mehr Würfel addieren, weitere Würfel malen und beschriften, Würfelbilder mit gleichen Ergebnissen zueinander ordnen.

Vorlage 15: Gleiche Formen bekommen die gleiche Farbe, gleiche zueinander ordnen, immer vier verschiedene zueinander ordnen, Anzahlen feststellen. Lesen Sie dazu bitte auf Seite XI unter *Vorlage 12, ein Beispiel.*

Vorlage 16: Die Zahlenreihe bis 20 und Additionen an Dominosteinen: die dritte Zahl (die Summe) feststellen. Wer kann eigene Additionen erfinden?

Vorlage 17: Reihenfolgen herstellen – wer kann 's auch rückwärts? Sie könnten die Vorlage zu diesem Zweck zweimal kopieren.

Vorlage 18: Additionen an Würfelbildern – immer das gleiche Ergebnis!. Welches Würfelbild fehlt also? Der leere Würfel muss ergänzt werden und bereitet auf die Subtraktion vor. Anordnung der vier Formen, ergänzen.

Vorlage 19: Darstellungen der Anzahlen in Formen und Farben.

Vorlage 20: Sie werden immer wieder Vorlagen finden, die auf den ersten Blick keine Aufgabe zu enthalten scheinen. Setzen Sie diese immer wieder ein: Den Kindern sollte etwas dazu einfallen. Lassen Sie sie kreativ sein. Es ist ganz wichtig für die Zukunft der Kinder, selbst Aufgaben zu finden.

Was könnte man nun mit so einer Vorlage machen? Die Kinder können

- die Vorlagen farbig ausmalen und feststellen, wie viele sind von jeder Farbe da,
- eine Reihenfolge herstellen: 1, 2, 3, ...
- oder • •• •••
- Paare finden, zum Beispiel oben Zahlen, unten Mengen,
- die Kreise zu Paaren zusammennehmen (oder zu 3ern) und die eingezeichneten Zahlen oder Mengen addieren ...

Es gibt viele Möglichkeiten. Den Kindern fallen bestimmt noch mehr ein, wenn Sie ihnen Zeit lassen!

Vorlage 21: Der umgekehrte Weg: Jetzt sollten zu den Zahlen die Würfelbilder gemalt werden. Das Gleichheitszeichen ist »Zeichensprache«. Verstehen das alle Kinder? Manche werden zwischen die Hunde auch ein Gleichheitszeichen setzen.

Vorlage 22: Summen mit 4. Würfel beschriften, addieren, gleiche Würfel in gleicher Farbe anmalen, gleichwertige Kreise verbinden.

Vorlage 23: Additionen, die dritte Zahl (Summe) feststellen, unterschiedliche Zahlenkombinationen entsprechen jeweils einer gleichen dritten Zahl, die Anordnung feststellen, mitteilen.

Vorlage 24: Arbeit mit dem Zahlenhaus. Die beiden Zahlen nebeneinander sind so groß wie die im Giebel. Rechts kann dasselbe gemacht werden (9 + 1 =) oder umgekehrt (1 + 9 =) oder von unten her angeordnet oder durcheinander ...

Vorlage 25: Vier Richtungen, die Farbwörter können jeweils in ihrer Farbe an die Wandtafel geschrieben werden. Sind von jeder Farbe gleich viele Richtungsdreiecke vorhanden? Eine vergleichbare Vorlage ist Vorlage 52.

Vorlage 26: Auf dem Weg zur Subtraktion: Eine der Zahlen in der Addition fehlt und muss festgestellt werden.

Vorlage 27: Zahlenstrahlen. Viel Platz für eigene Ideen.

Vorlage 28: Farbige Darstellung von Additionen.

Vorlage 29: Funktion +2 als »Maschine«: Operatorschreibweise.

Vorlage 30: Subtraktion: Z. B. Von zwölf Kreisen sind vier schwarz, die anderen können rot angemalt werden. Wie viele sind nun rot? Bei dieser Rechenfunktion wird nicht »weggenommen«, sondern der zweite Anteil an der Summe festgestellt. Subtrahieren ist also nicht schwerer als addieren.

Vorlage 31: Subtraktion/Addition: Die dunklen und hellen Kreise können Vorlagen für Additionen und für Subtraktionen sein. An das Verfahren bei der Subtraktion kann an der Wandtafel noch einmal erinnert werden.

Vorlage 32: Addition, Subtraktion, Ergänzung. Würfelbilder als Vorlage für eigene Aufgaben.

Vorlage 33: Vorschau auf das Vervielfachen: beschriften, abzählen, zählen in Sprüngen, Gleiche in gleichen Farben anmalen.

Vorlage 34: Die Null als Ausgangspunkt, Zahlenstrahl. Aufgaben erfinden.

Vorlage 35: Vier Farben, vier verschiedene Formen. Welche fehlen? Zählen: Wer kann weiter als bis 50 zählen und schreiben? Wer's nicht kann, fängt einfach immer wieder von vorne an und malt in verschiedenen Farben an.

Vorlage 36: Additionen fast der Reihe nach. Welche Zahlen hat das Känguru im Beutel?

Vorlage 37: Die Subtraktion als Ergänzung wird in Farbe ganz deutlich. Als Lesehilfe stehen die Farbwörter in ihrer Farbe an der Wandtafel.

Vorlage 38*: Subtraktion. Für Kinder, die einen großen Zahlenraum beherrschen.

Vorlage 39: Addieren, Vervielfachen, zum Zehner ergänzen, an den Zehner anhängen. Der Zehnerübergang wird beiläufig gezeigt, die anderen Verfahrensmöglichkeiten bleiben offen.

Vorlage 40: Diesmal fehlt die vierte Farbe. Horizontal hat jede Form in jeder Reihe eine andere Farbe. Wie ist die Farbordnung in der Vertikalen? Übertrag in die Verkleinerung. Wie müsste eine nächste Reihe aussehen?

Vorlage 41: Größer – kleiner, Größenreihenfolge hersteilen. Das Zeichen hat eine große Seite zur größeren Zahl hin. Es ist Zeichensprache und könnte einer Handbewegung mit beiden Händen entsprechen. Oder man klebt das Zeichen mit Tesakrepp auf den Boden und stellt Kinder hinein: nach der offenen Seite werden es immer mehr!

Vorlage 42*: Training des Zeichens größer – kleiner. Am einfachsten ist die linke Spalte. Die Anforderungen werden von links nach rechts größer. Eine Vorlage für Kinder, die den anderen voraus sind.

Vorlage 43: Aufgabenmischung: Additionen, Zehnerzahlen, Zahlenstrahl, Dominosteine (spiegeln oder verdoppeln?). Die Aufgaben im oberen rechten Feld sind zum Teil schwierig. Hier hilft der Zahlenstrahl: einfach abzählen!

Vorlage 44*: Geheimzahlen. Nach der Ankündigung von Zahlen in Geheimschrift können Kreise und Striche an die Tafel gemalt werden ohne Erklärung. Kinder erkennen, was gemeint ist und erfinden eigene Schreibweisen. Ein Kind, das überfordert ist mit der Darstellung von Zehnern und Einern und von Zahlen wie beispielsweise 74, wird vielleicht die einzelnen Elemente zählen und addieren: 7 solche und 4 solche sind 11. Nichts ist falsch!

Vorlage 45: Subtraktion. Nur bei einer Aufgabe muss die Zehnergrenze überschritten werden.

Vorlage 46: Subtraktion. Eine Aufgabe geht an den Zehner heran, die anderen unterschreiten die Zehn. Wer braucht die Mengen-Bilder noch?

Vorlage 47: Trainingsvorlage minus.

Vorlage 48: Wiederholung,Training – eine Vorlage zum Ausruhen. Typ 1: Ergänzen des Fehlenden. Typ 2: Über 20 hinaus? Rückwärts zählen ... Typ 3: Addition, Subtraktion – verschiedene Aufgabenmöglichkeiten darunterschreiben.

Vorlage 49: Auf vielen Vorlagen werden die Kinder neben einer Art Reihenbildung eine oder zwei Aufgaben finden, die aus der Reihe tanzen. Auf Vorlage 49 sind zum Beispiel in jedem Kästchen Aufgaben, die immer dasselbe Ergebnis haben. In einem Kästchen jedoch findet sich eine Regelmäßigkeit anderer Art. Dies ist Absicht. Die Kinder freuen sich über Überraschungen, es hält sie wachsam und schärft ihre Sinne.

Vorlage 50: Umkehraufgaben als Ergänzungen.

Vorlage 51: Die Null als Start beim Zählen, Reihenfolge herstellen. Auf der unteren Hälfte vielleicht rückwärts zählen und bei 0 ankommen?

Vorlage 52: Hier kann man, wie bereits auf Vorlage 25, die verschiedenen Richtungen mit verschiedenen Farben kennzeichnen. Das Anmalen an sich ist schon eine Herausforderung, wenn man die Konturen ordentlich füllen will. Jedoch die Richtung der Ecken festzustellen, das erfordert eine Menge Konzentration! Versuchen Sie es selbst, Sie werden das relativ anstrengend finden. Für Kinder mit Richtungsunsicherheit ist das eine recht schwierige Aufgabe! Anschließend werden die Kinder die Ecken zählen wollen (oder sollen): Von den Dreiecken nach rechts sind es nur 6, alle anderen sind 7-fach vorhanden! Das fehlende könnte dazu gezeichnet werden. Man könnte – vielleicht kommt ein Kind drauf – die Ecken auch anders kennzeichnen, mit Zahlen, mit Zeichen ... Und man kann gleiche Dreiecke verbinden.

Vorlage 53: Zahlenhäuser mit zwei und drei Summanden, Additionen an Dominosteinen mit anderen Bildern.

Vorlage 54: Wie werden die Farben in den Formen angeordnet? Wie erkennt man ein System? Übertragung in die Verkleinerung.

Vorlage 55: Additionen mit drei Zahlen, immer andere Zahlenkombinationen führen zur gleichen Summe.

Vorlage 56: Eine Vorlage zur Entspannung und Konzentration: Die Kreise sind unterschiedlich markiert: leer, getupft, waagerecht oder senkrecht schraffiert, ganz dunkel. Sie bekommen unterschiedliche Farben. Wie viele gibt es in jeder Farbe? Gleiche können verbunden werden. Die ganze Anzahl kann festgestellt werden. Von einer Farbe sind weniger vorhanden. Sollen sie ergänzt werden?

Vorlage 57: Zahlenstrahlen für verschiedene Möglichkeiten: 10, 20, ... /100, 200, ... oder zum Üben der Addition, Subtraktion.

Vorlage 58: Weitere Wege zur Subtraktion: Um die leeren Felder im oberen Teil zu füllen, muss man subtrahieren.

Vorlage 59: Farben und Anzahlen: eine Vorbereitung auf das Vervielfachen. Oder Teilen mit und ohne Rest?

Vorlage 60: Vervielfachen. Manche finden beim Sprechen über die Vorlage vielleicht die Multiplikation: Da ist fünf mal die Zwei!

Vorlage 61: 7 Farben für 28 Formen, je vier verschiedene: Das ist Ordnen, Malnehmen, Teilen.

Vorlage 62: Wer merkt's? Das nennt man Umkehraufgaben.

Vorlage 63: Zählen, Reihenfolge, Umkehraufgaben.

Vorlage 64: Vier Schreibweisen der Zahlbeziehungen in einer Gleichung.

Vorlage 65: Nachbaraufgaben in den Nachbarreihen, Kinder können die Zusammenhänge finden.

Vorlage 66: Ergänzen, sicher werden im Zahlenraum bis 20.

Vorlage 67: Verdoppeln: Das Wort muss an die Tafel geschrieben werden mit einem bildhaften Beispiel (Mengen oder Würfel). Das Wort halb muss nicht erwähnt werden. Ein paar Kinder könnten auch dies entdecken: Bei doppelt ist das p verdoppelt. Schwierig zu sagen: M ist verdoppelt MM, das ist klar, aber wie ist das mit 0? 0 ist verdoppelt 0 - oder 00?

Vorlage 68: Eine Tabelle herstellen. An der Tafel kann einfach mit der Herstellung einer Zahl-Buchstaben-Tabelle wie am Schachbrett angefangen werden. Einige Kinder verstehen den Zusammenhang sofort, andere erst Monate später. An der Tafel können leere Tabellen stehen bleiben für interessierte Kinder.

Vorlage 69: < > = größer, kleiner, gleich – Wiederholung, einfache Additionen, Zahlenschreiben. Manche gehen über die 20 hinaus.

Vorlage 70: Addieren, subtrahieren. Wer merkt's: Die linke Spalte hilft beim Lösen der rechten! Zahlenstrahl als Hilfe.

Vorlage 71: Zehnerzahlen, Nachbar- und Umkehraufgaben, Gleichungen schreiben.

Vorlage 72*: Verdoppeln, verdreifachen, Zehnerübergang bei höheren Zehnern. Eine schwierige Vorlage für Schnellmerker.

Vorlage 73*: Vorbereitung Zweiereinmaleins. Kinder können die Summe hinschreiben oder die Aufgabe: 1-2 = 2, 2-2 = 4 ...

Vorlage 74*: Vorbereitung Zehnereinmaleins.

Vorlage 75*: Vorbereitung Fünfereinmaleins.

Vorlage 76*: Rechnen mit Zahlen im Zahlenraum 100, Zehnerübergang, Vervielfachen. Eine schwierige Vorlage!

Vorlage 77*: Hundertertafel ergänzen.

Vorlage 78: leere Hundertertafel, auch als Einmaleinstabelle verwendbar (siehe Vorlage 68).

Vorlage 79*: Vorbereitung Dreiereinmaleins.

Vorlage 80*: Vorbereitung Viererreinmaleins.

1 2 3 4 5

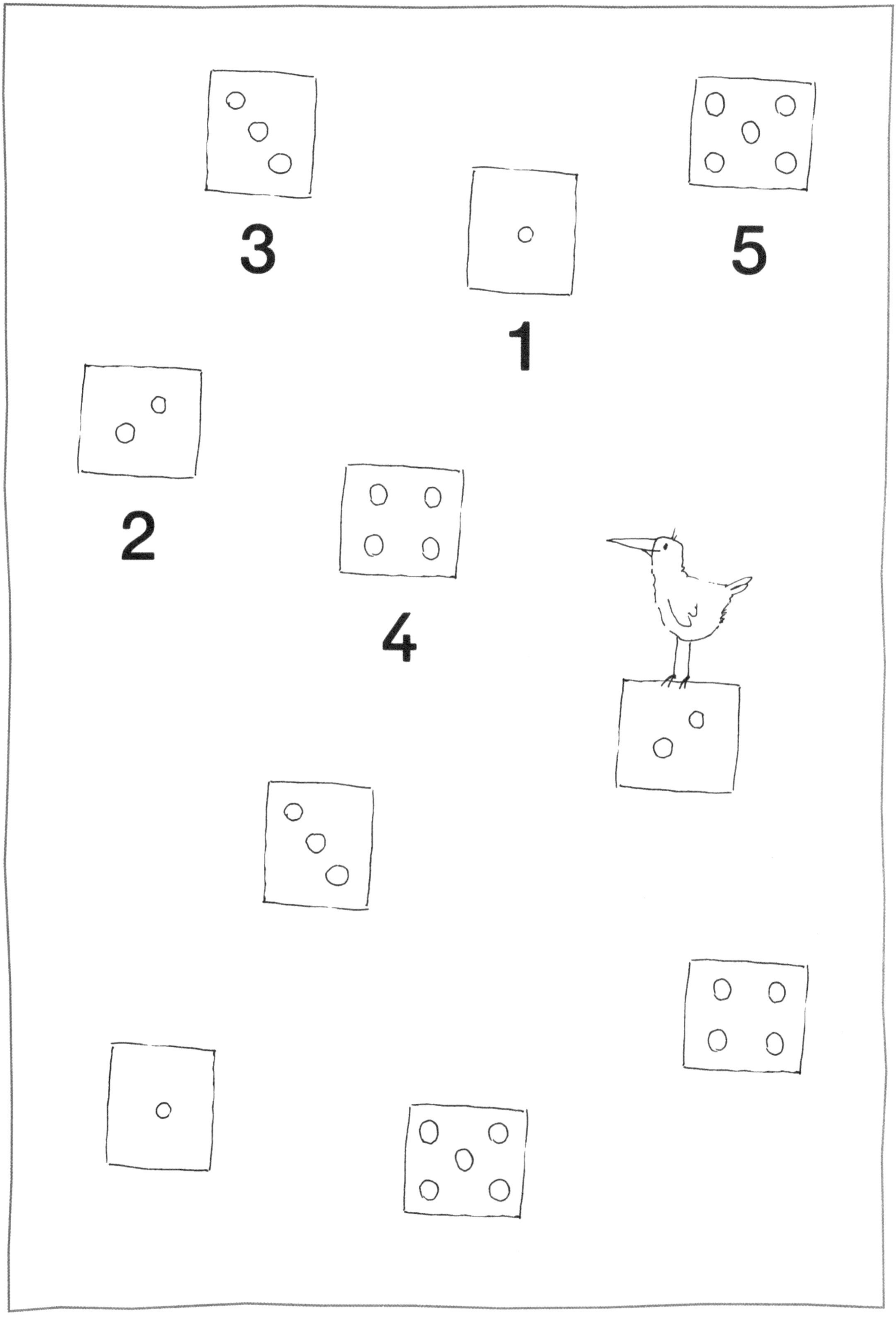
3
1
5
2
4

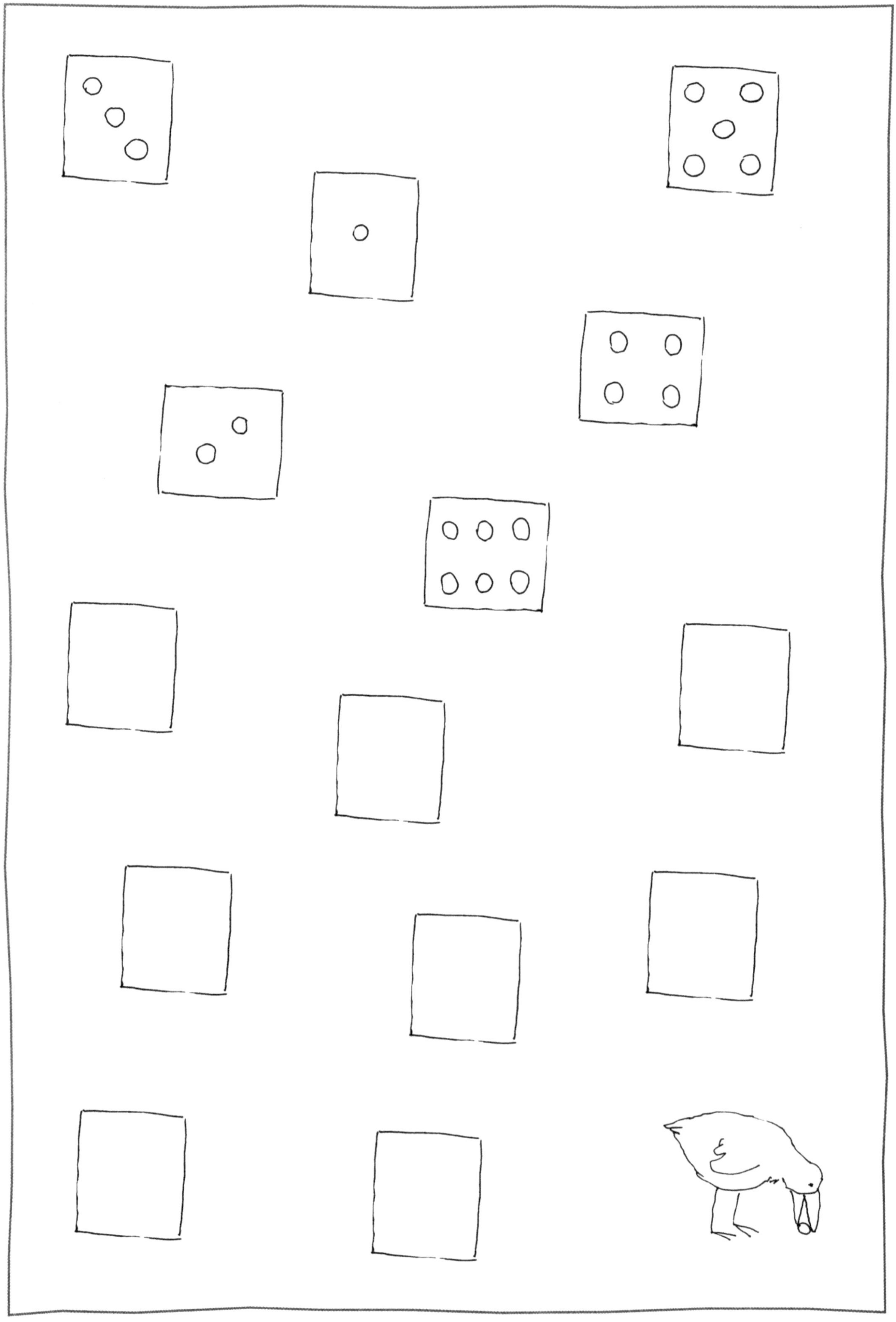

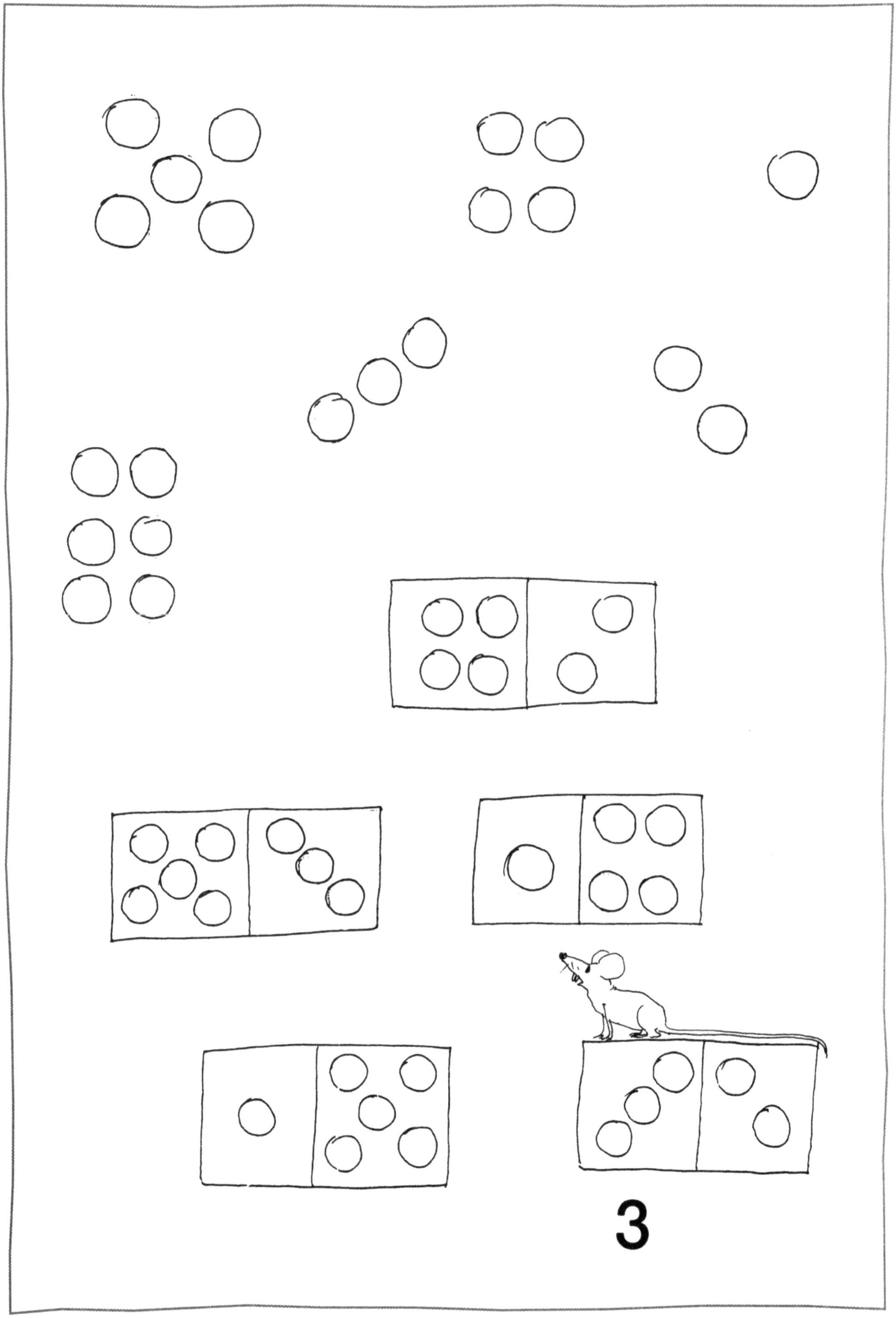
3

1

3

2

10

5

6

4

8

7

9

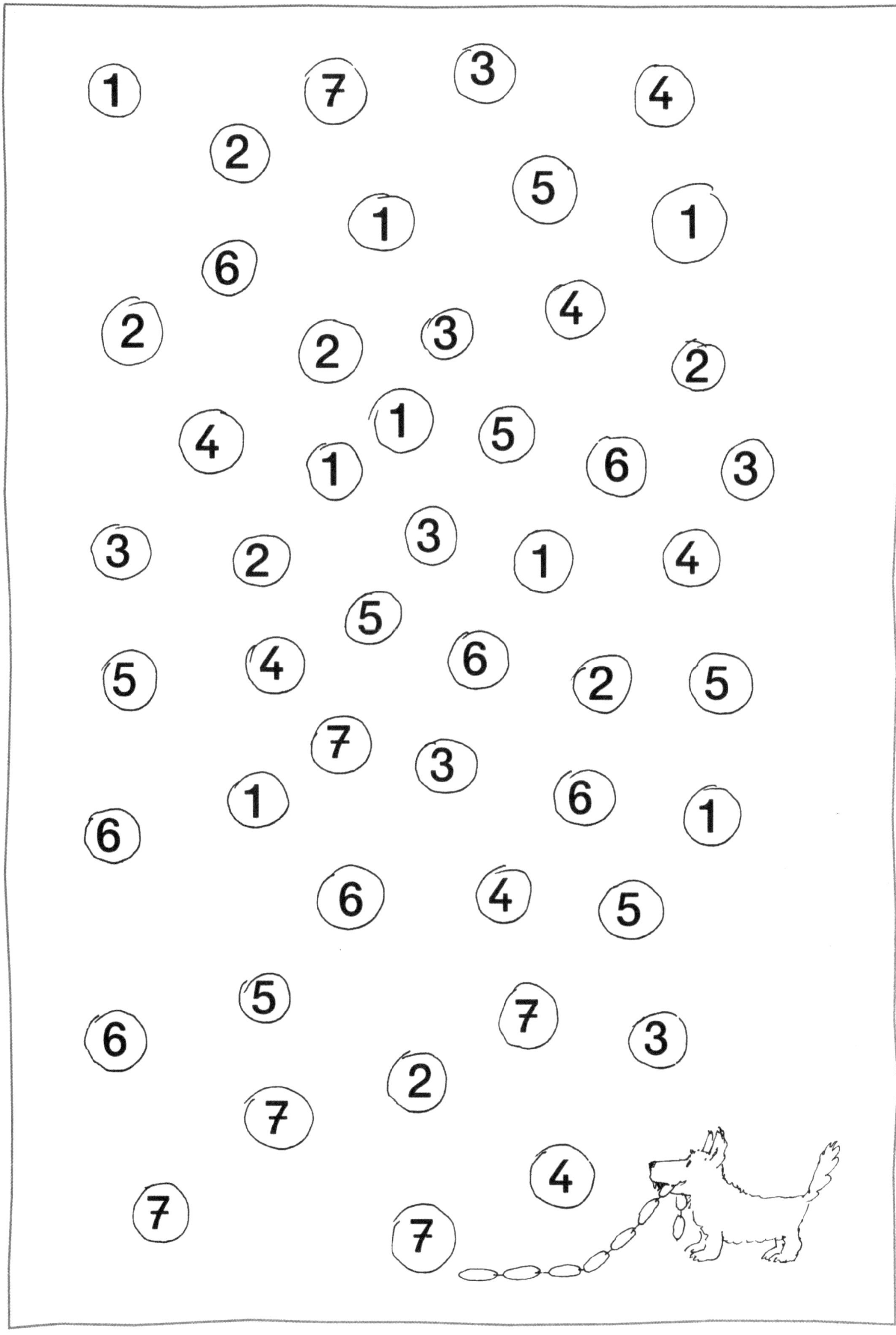
1 7 3 4
2
5 1 1
6
2 2 3 4 2
4 1 1 5 6 3
3 2 3 1 4
5
5 4 6 2 5
7 3
1 6 6 1
6 4 5
5 7 3 6
2
7
4
7 7

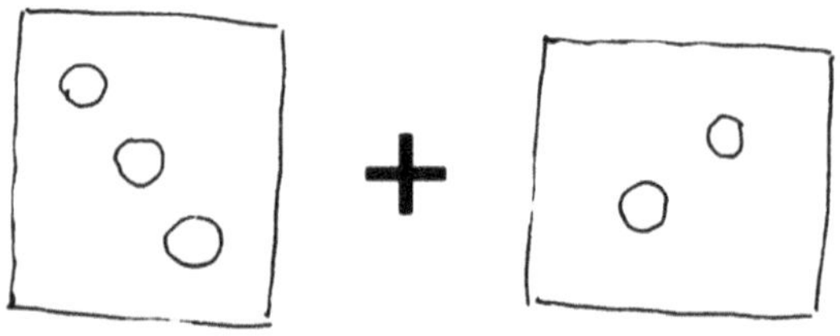

3 + 2

1 + 4

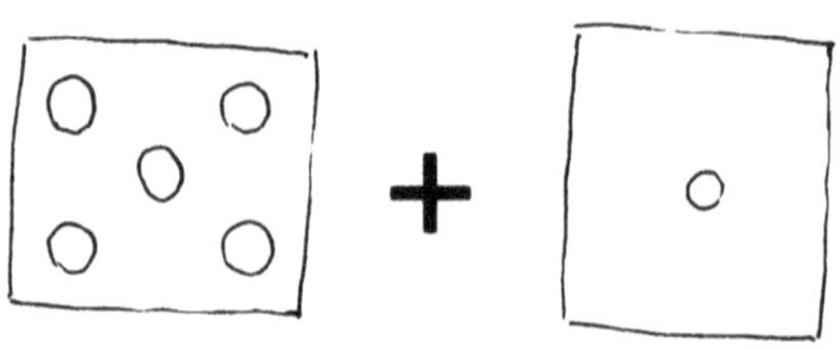

5 + 1

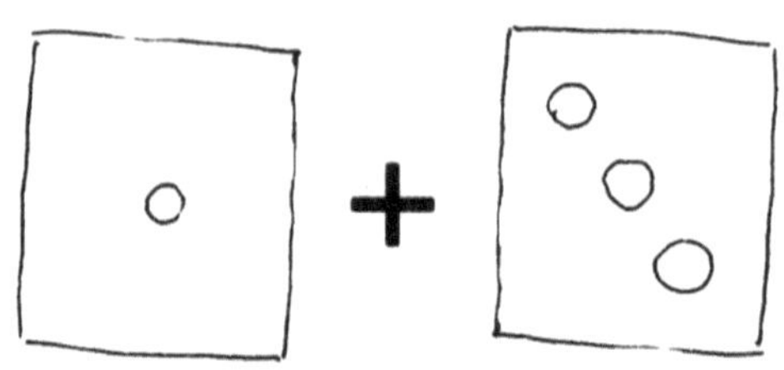

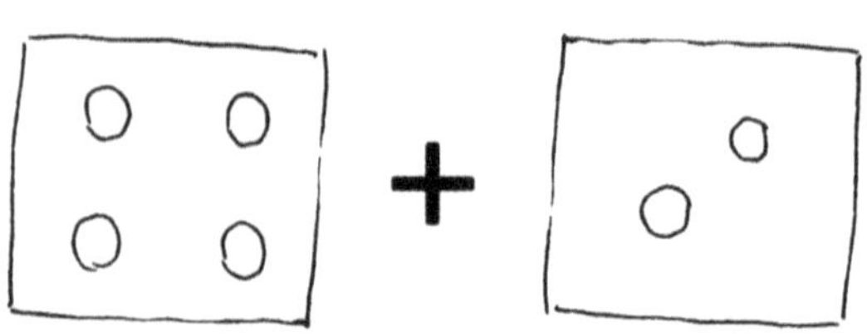

1
2

5 + 1 =

3 + 1 =

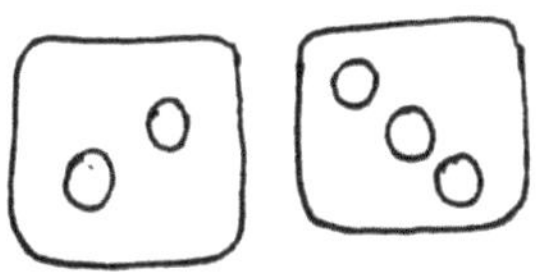

2 + 3 =

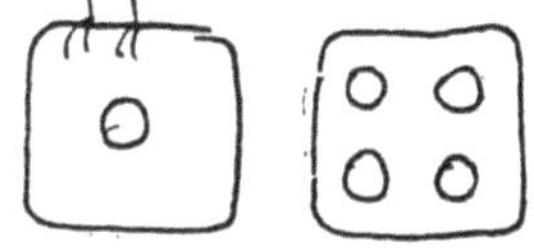

1 + 4 =

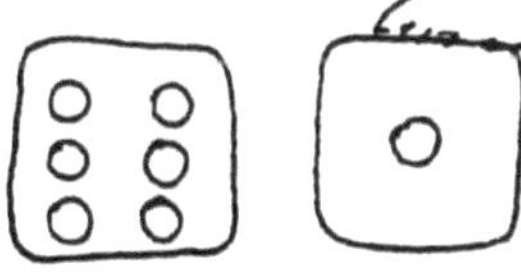

6 + 1 =

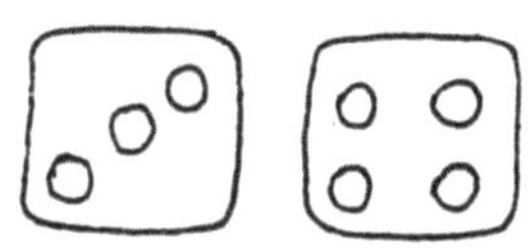

3 + 4 =

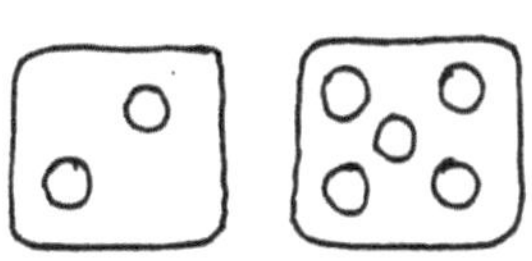

2 + 5 =

3 + 2 =

2 + 4 =

3 + 3 =

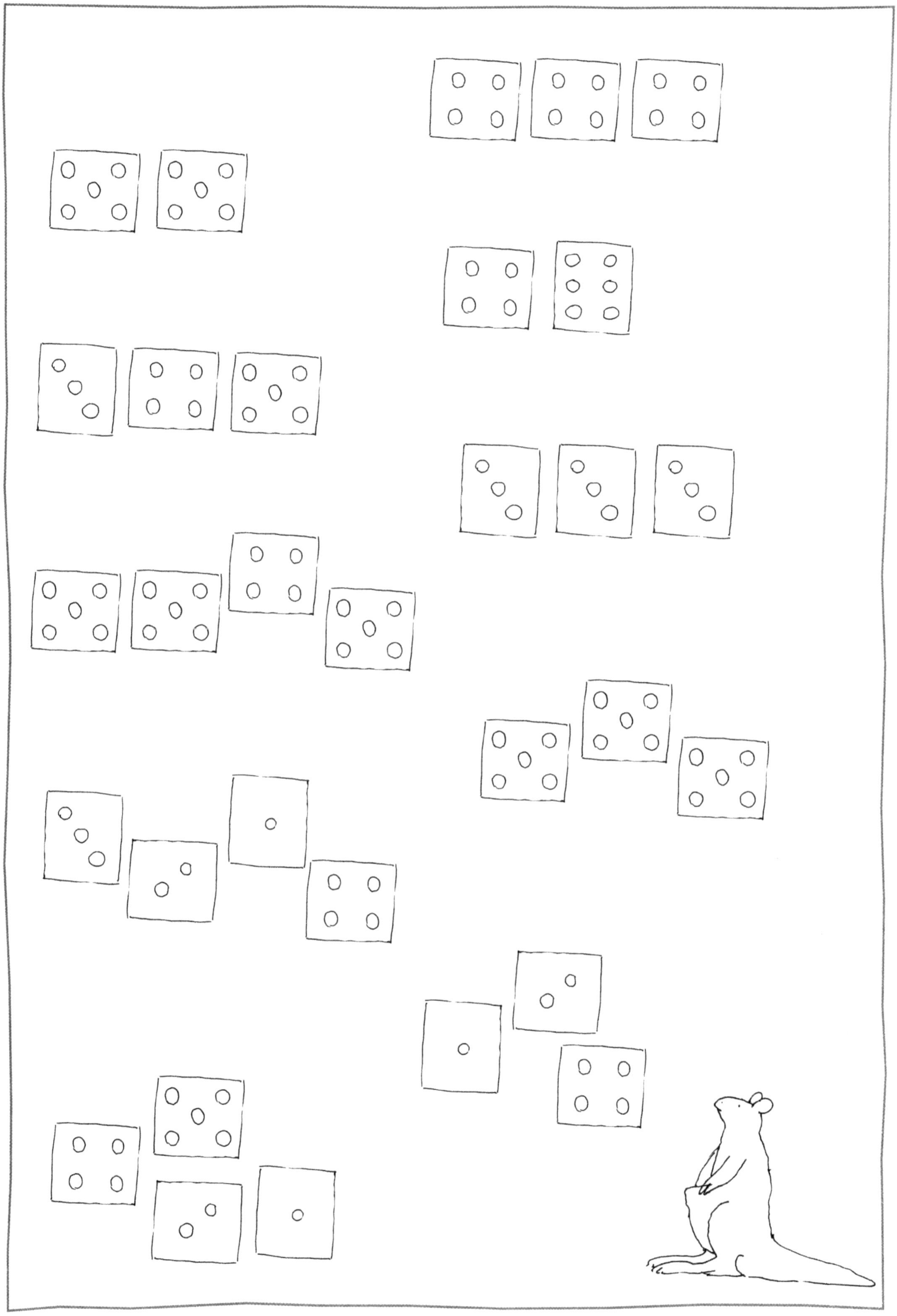

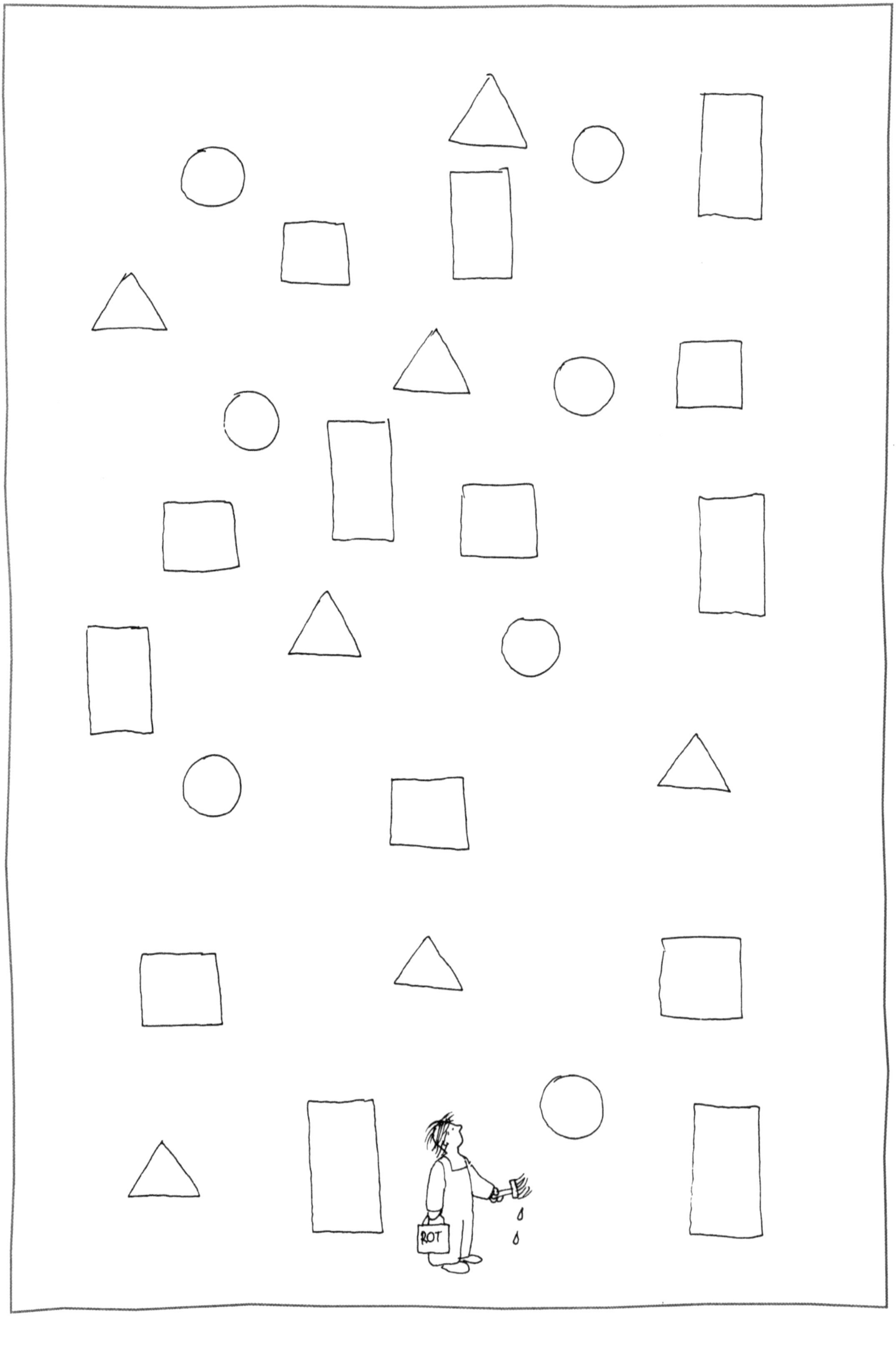
ROT

1 ☐ ☐ 4 ☐

6 ☐ ☐ 9 ☐

11 ☐ 13 ☐ ☐

16 ☐ ☐ ☐ 20

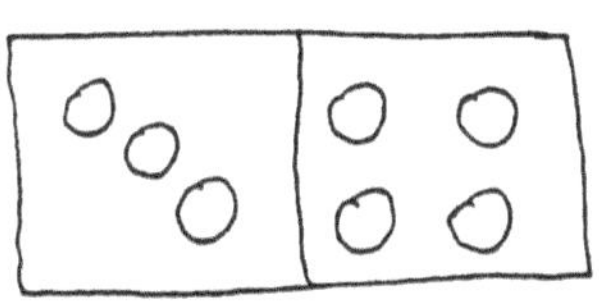
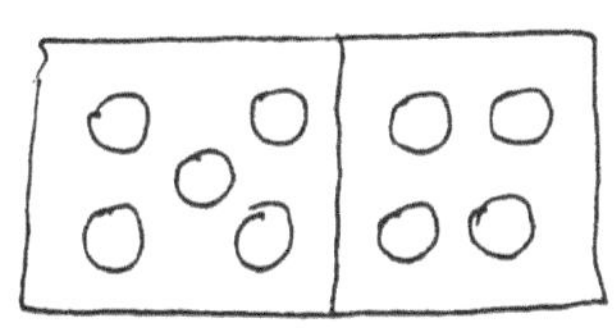

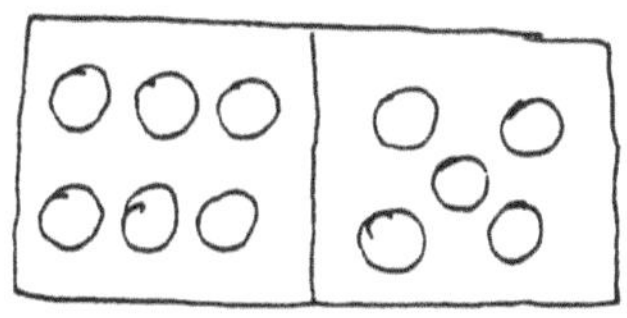
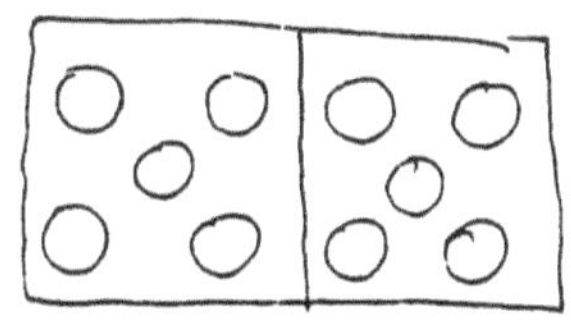

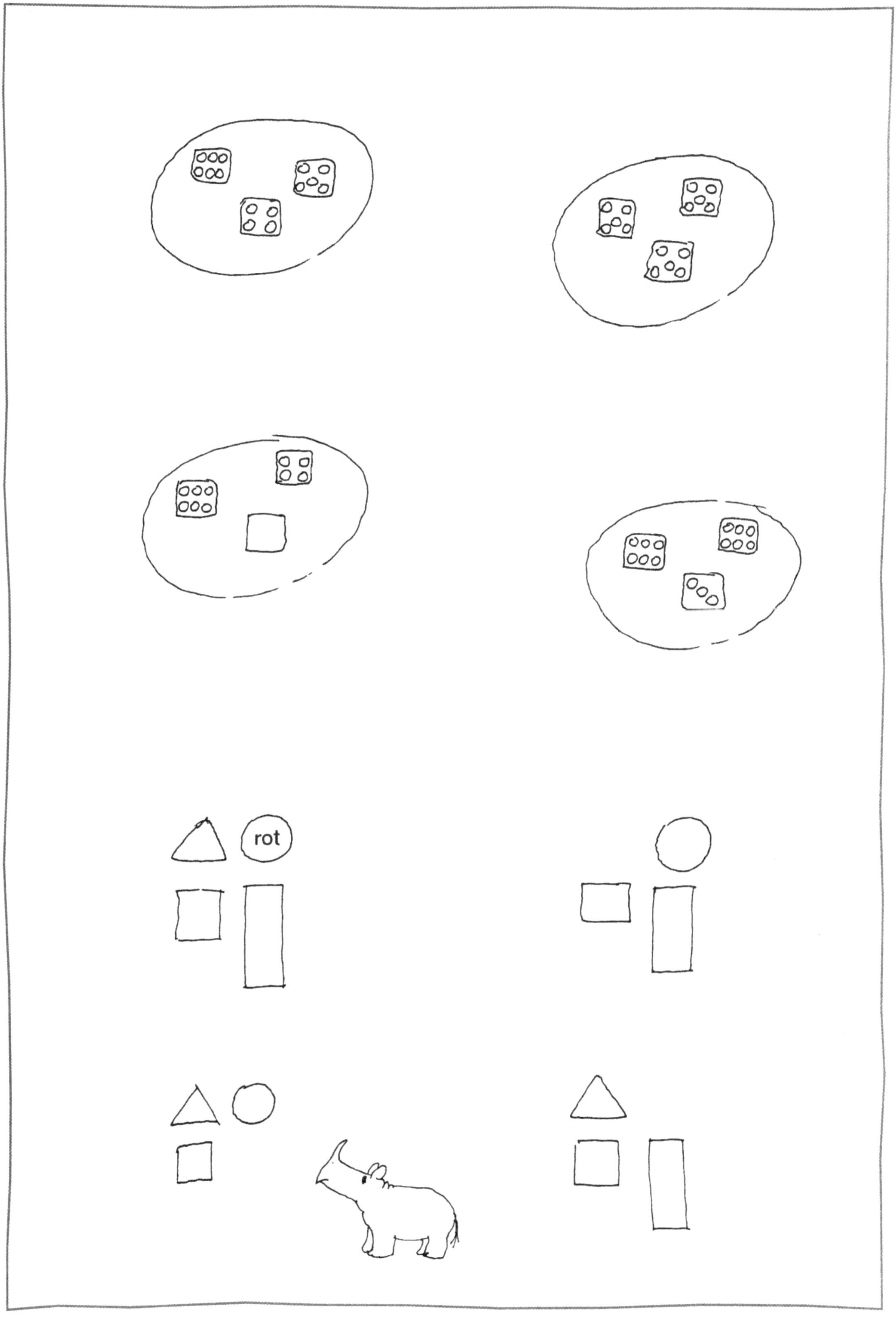
rot

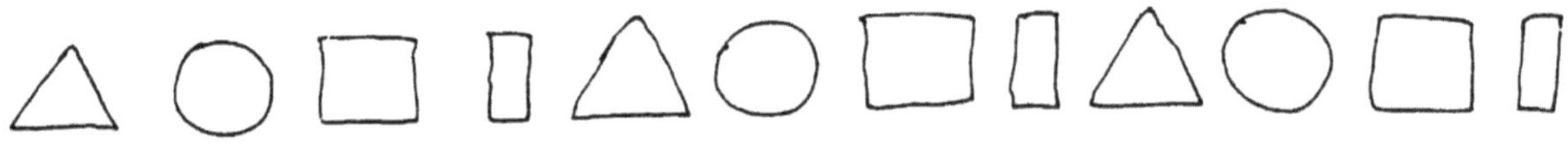

4 + 4 + 4 =

3 + 4 + 5 =

8 + 5 =

9 + 5 =

5 + 5 + 5 =

7 + 7 =

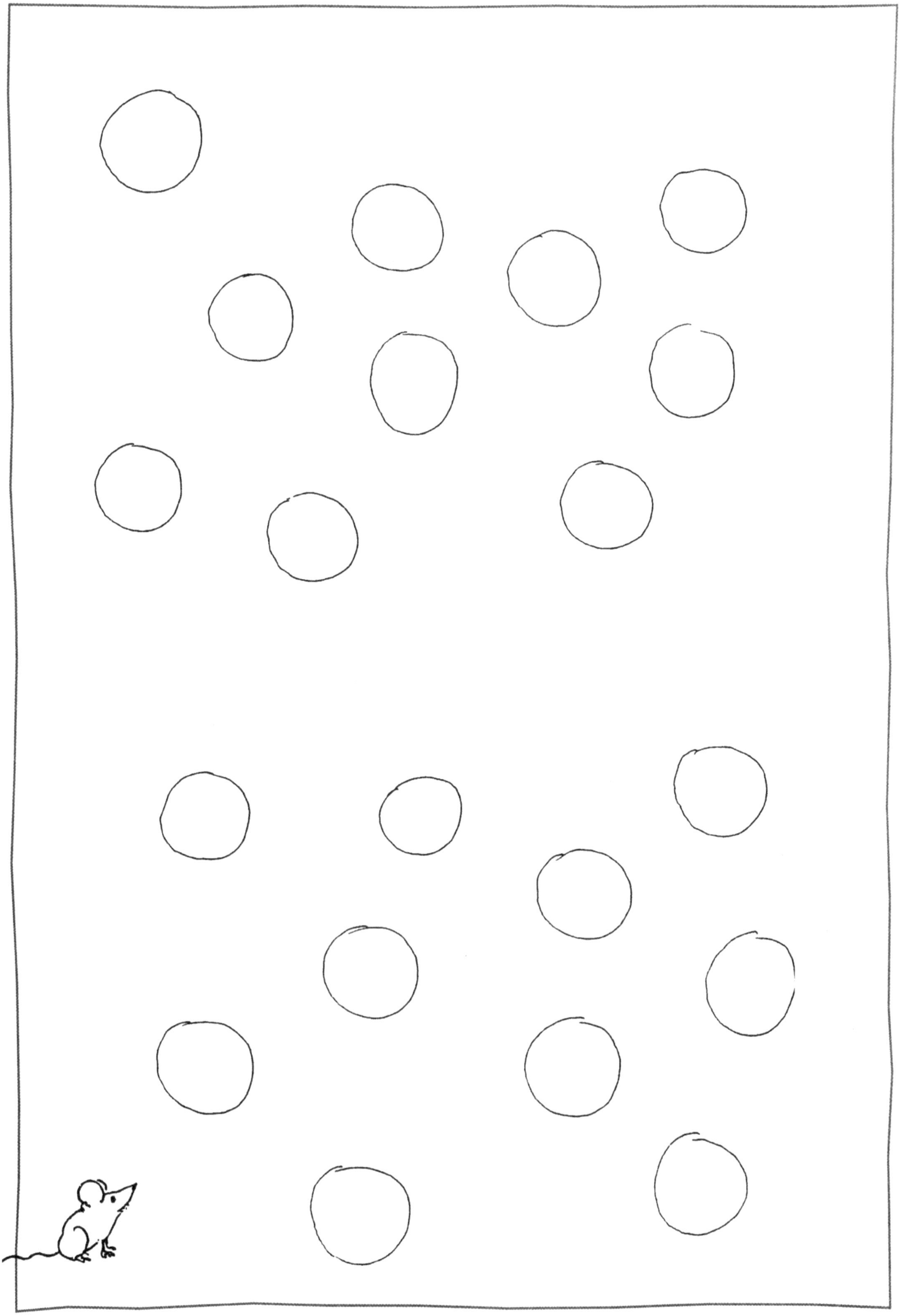

1 2 3 4 5 6 7

2 + 3 = 4 + 1

4 + 2 = 5 + 1

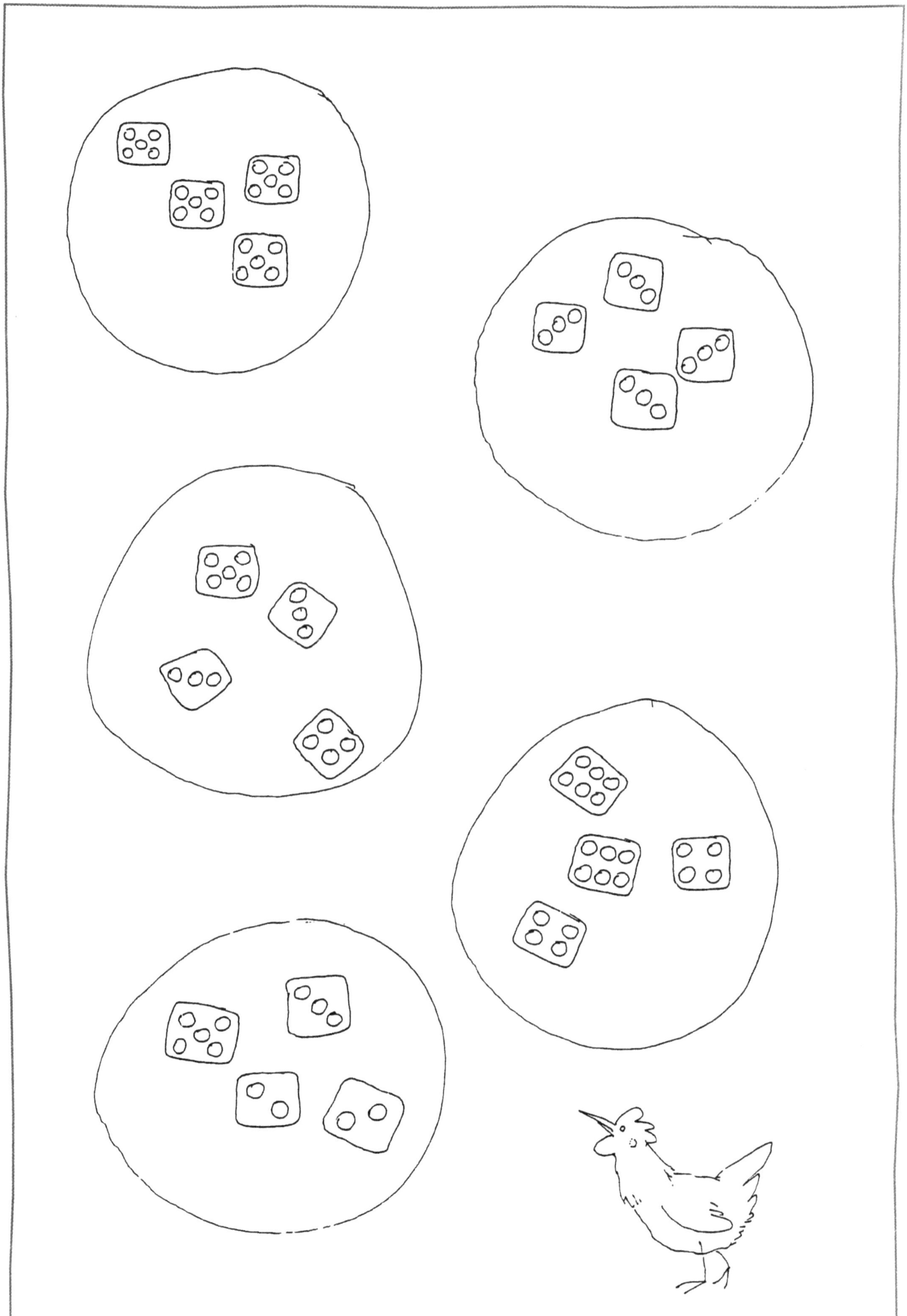

3 + 2 =
4 + 1 =
2 + 3 =
1 + 4 =

3 + 3 =
4 + 2 =
5 + 1 =
2 + 4 =
1 + 5 =

5 + 2 =
6 + 1 =
4 + 3 =
2 + 5 =
3 + 4 =
1 + 6 =

4 + 4 =
5 + 3 =
6 + 2 =
7 + 1 =
3 + 5 =
2 + 6 =
1 + 7 =

10	
9	1
8	2
7	3
6	4
5	5
4	6
3	7
2	8
1	9

10	

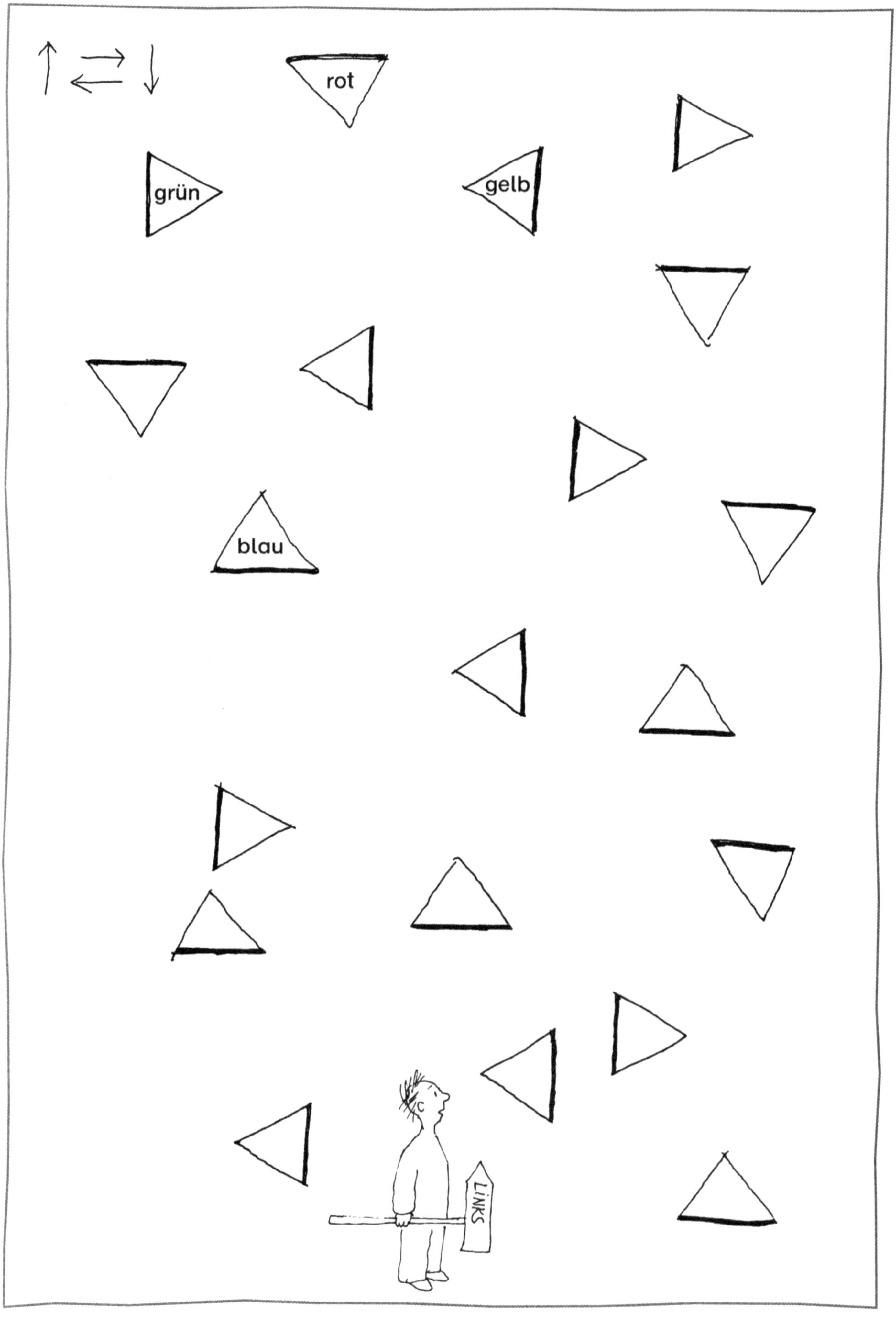
rot
grün
gelb
blau
LINKS

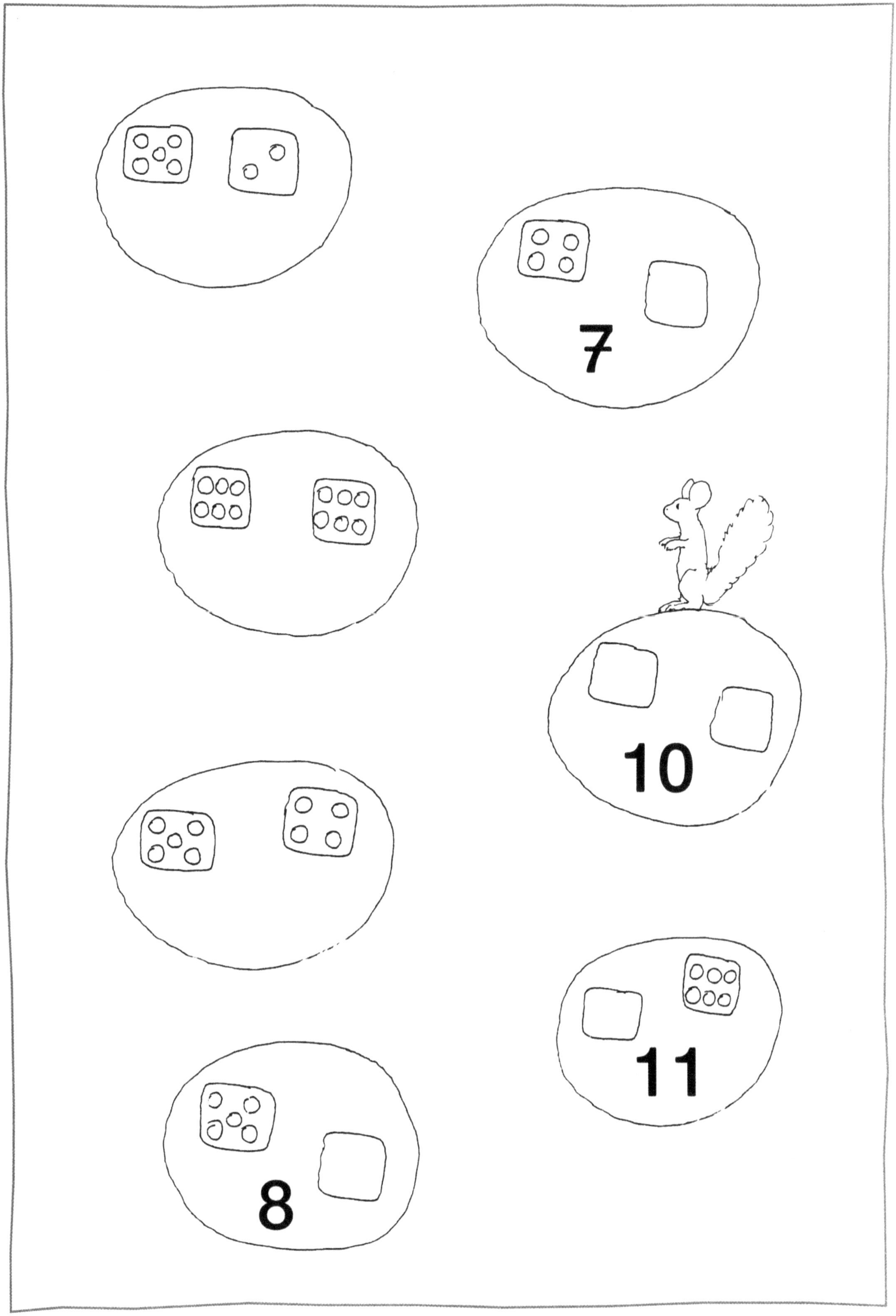
7
10
11
8

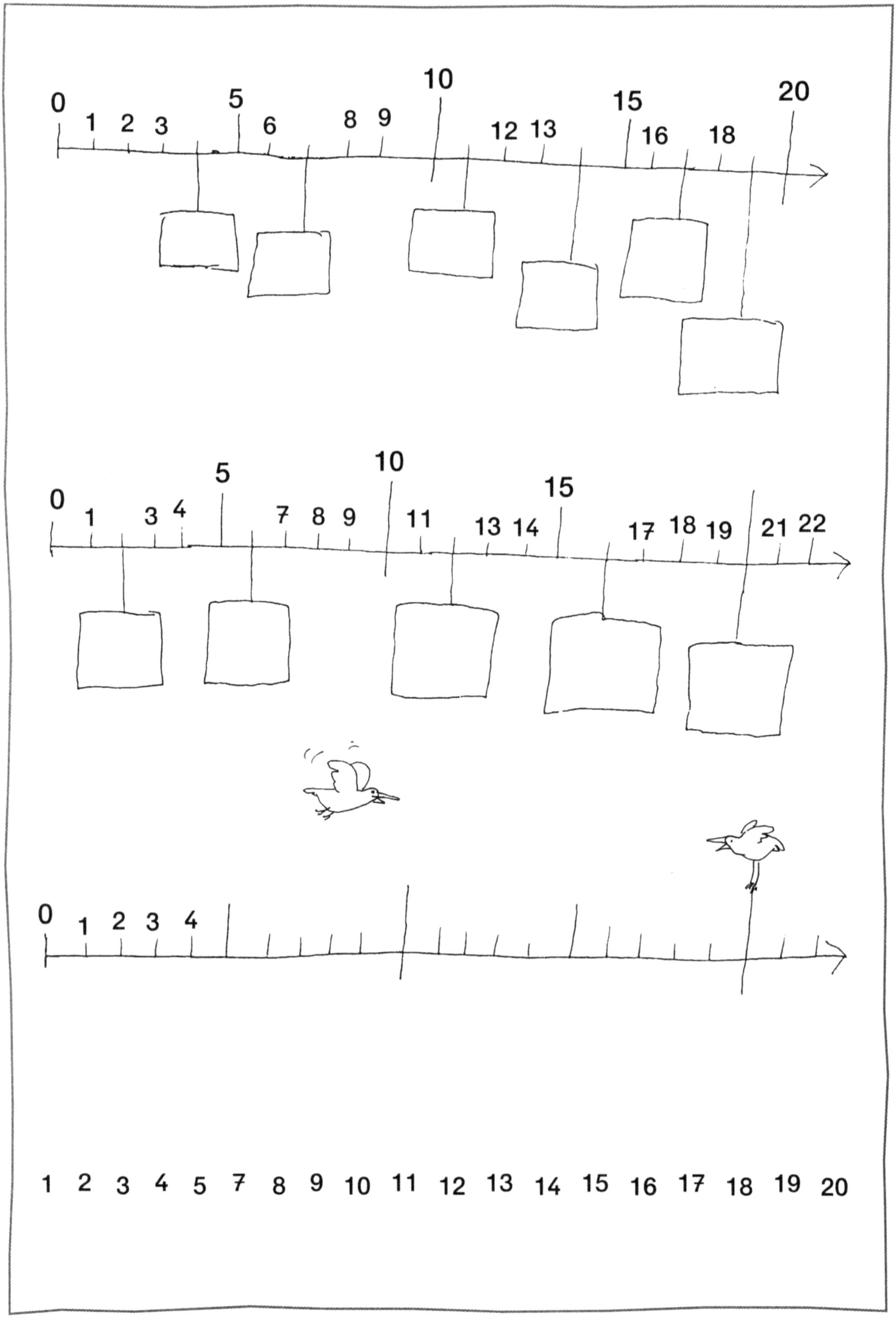
0 1 2 3 5 6 8 9 10 12 13 15 16 18 20
0 1 3 4 5 7 8 9 10 11 13 14 15 17 18 19 21 22
0 1 2 3 4
1 2 3 4 5 7 8 9 10 11 12 13 14 15 16 17 18 19 20

7 rot + 8 blau =

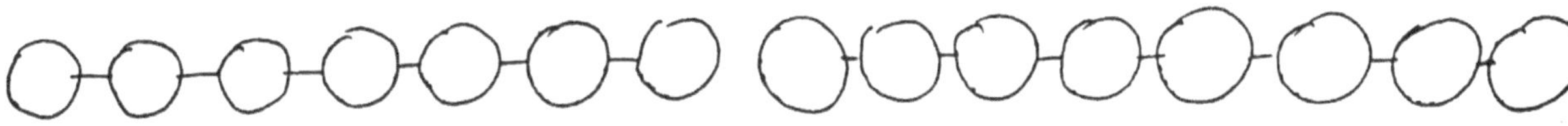

9 rot + 5 blau =

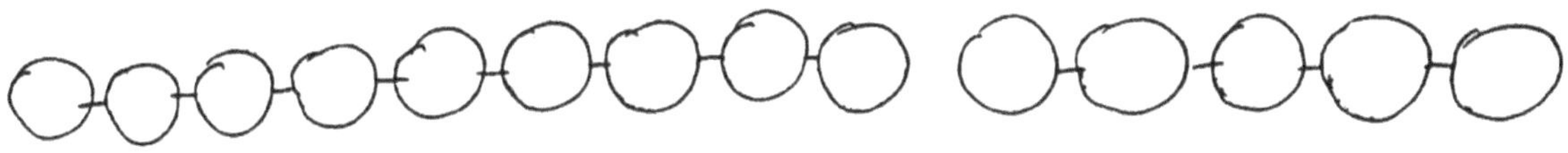

8 rot + 6 blau =

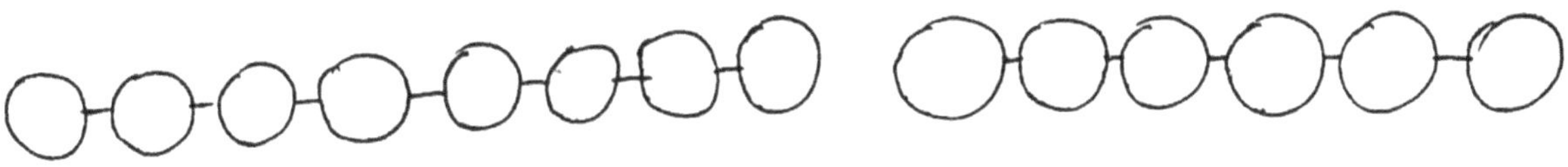

11 rot + 5 blau =

6 rot + 2 blau + 4 grün =

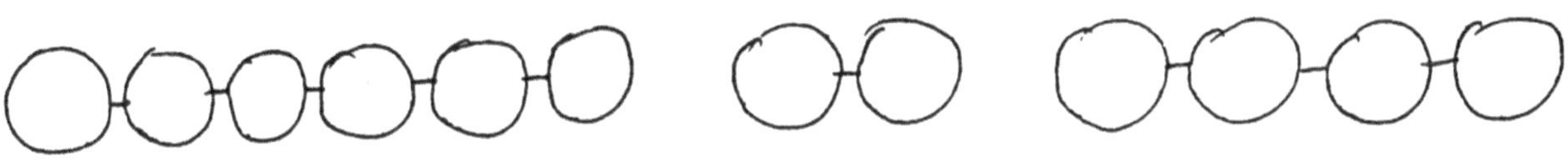

7 grün + 3 gelb + 4 rot =

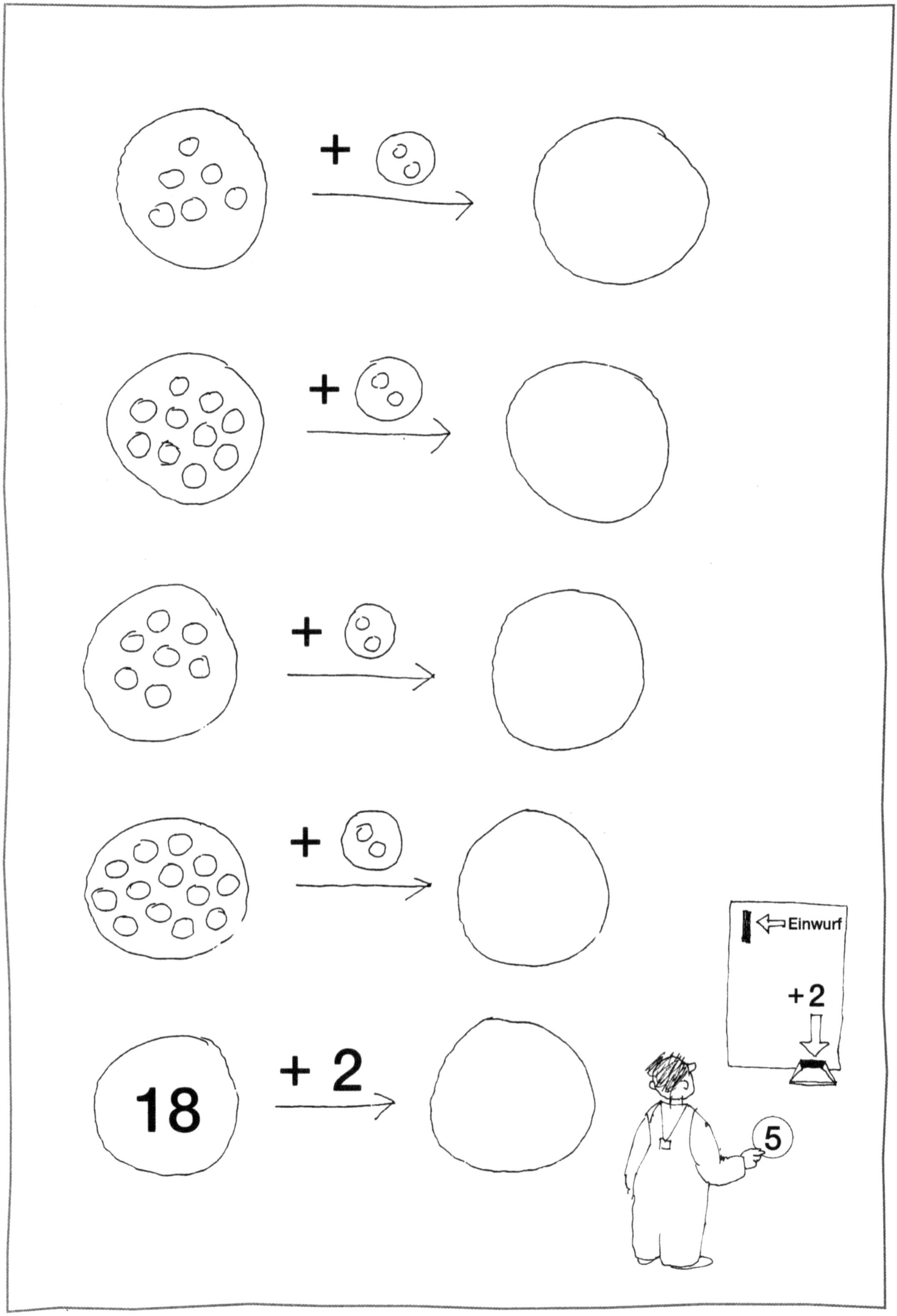
+
+
+
+
18
+ 2
Einwurf
+2
5

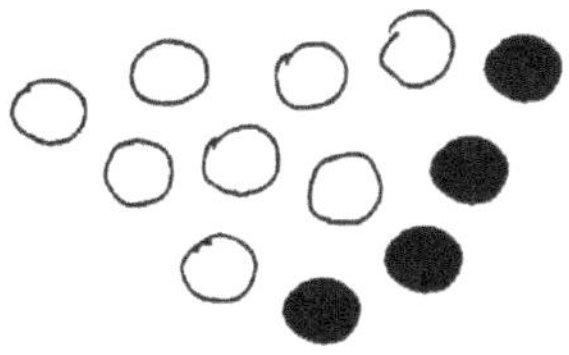

12 – 4 =

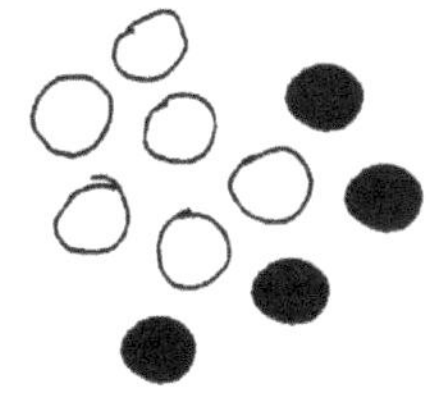

10 – 4 =

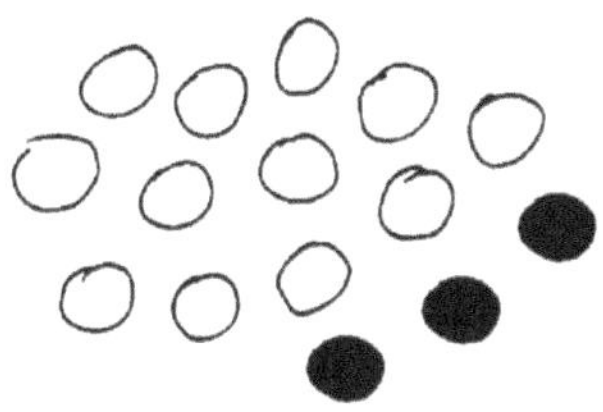

15 – 3 =

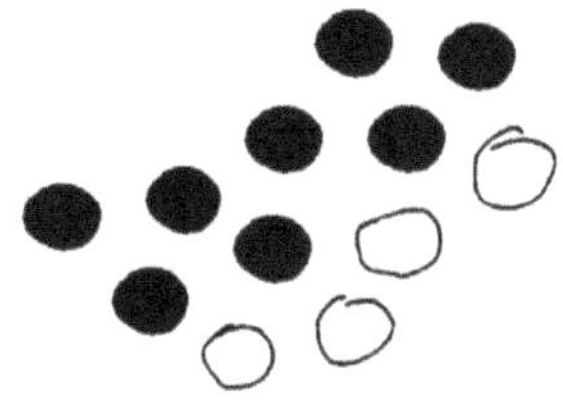

12 – 8 =

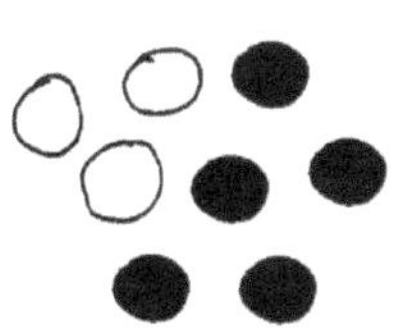

8 – 5 =

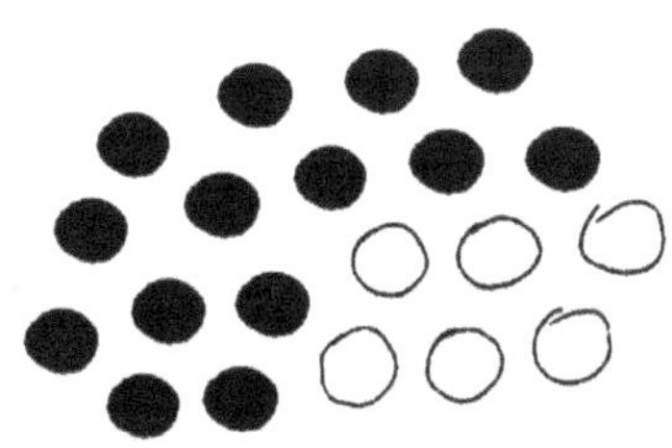

20 – 14 =

7 – 3 =

7 – 4 =

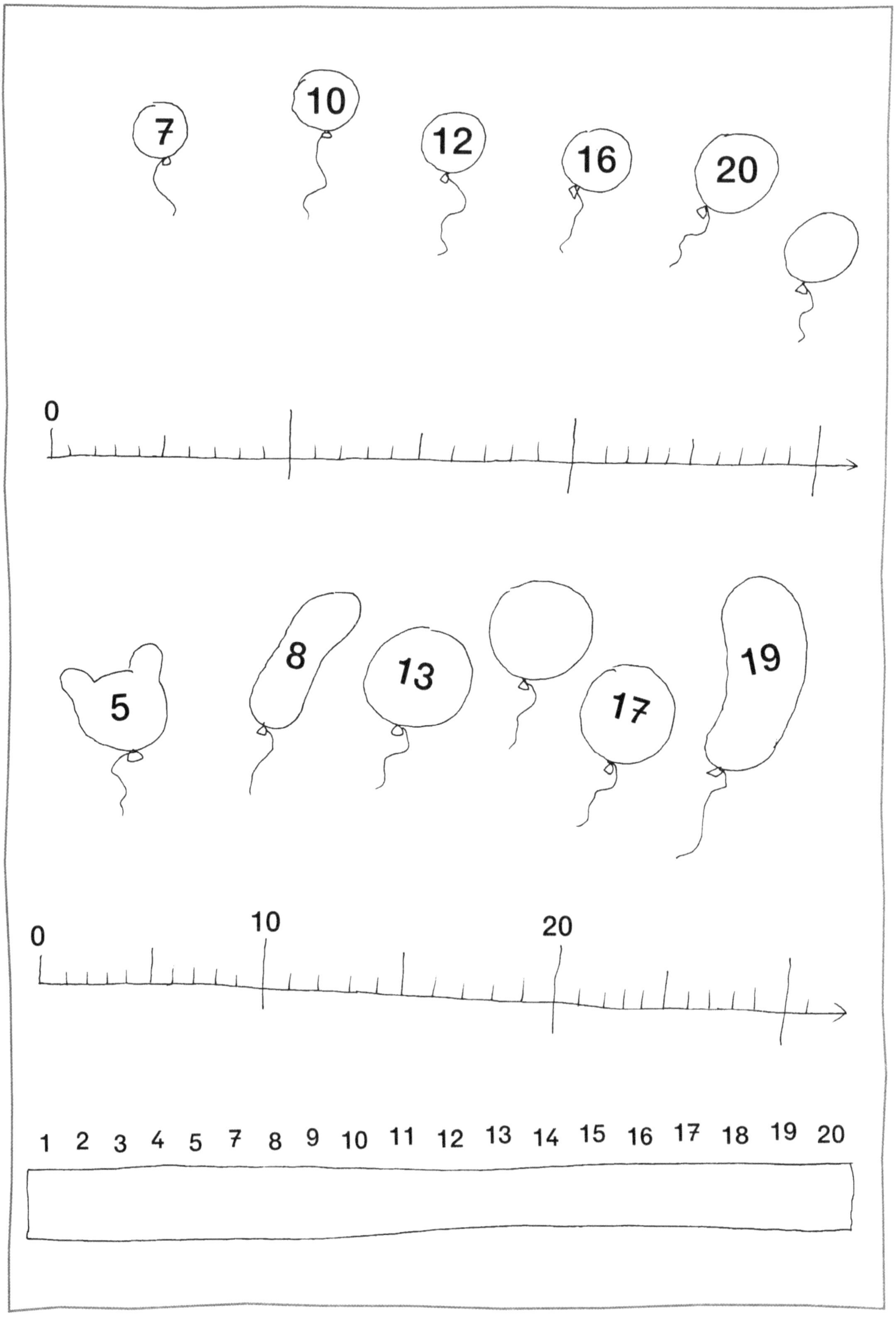
7
10
12
16
20
0
5
8
13
17
19
0
10
20
1 2 3 4 5 7 8 9 10 11 12 13 14 15 16 17 18 19 20

Zahlen

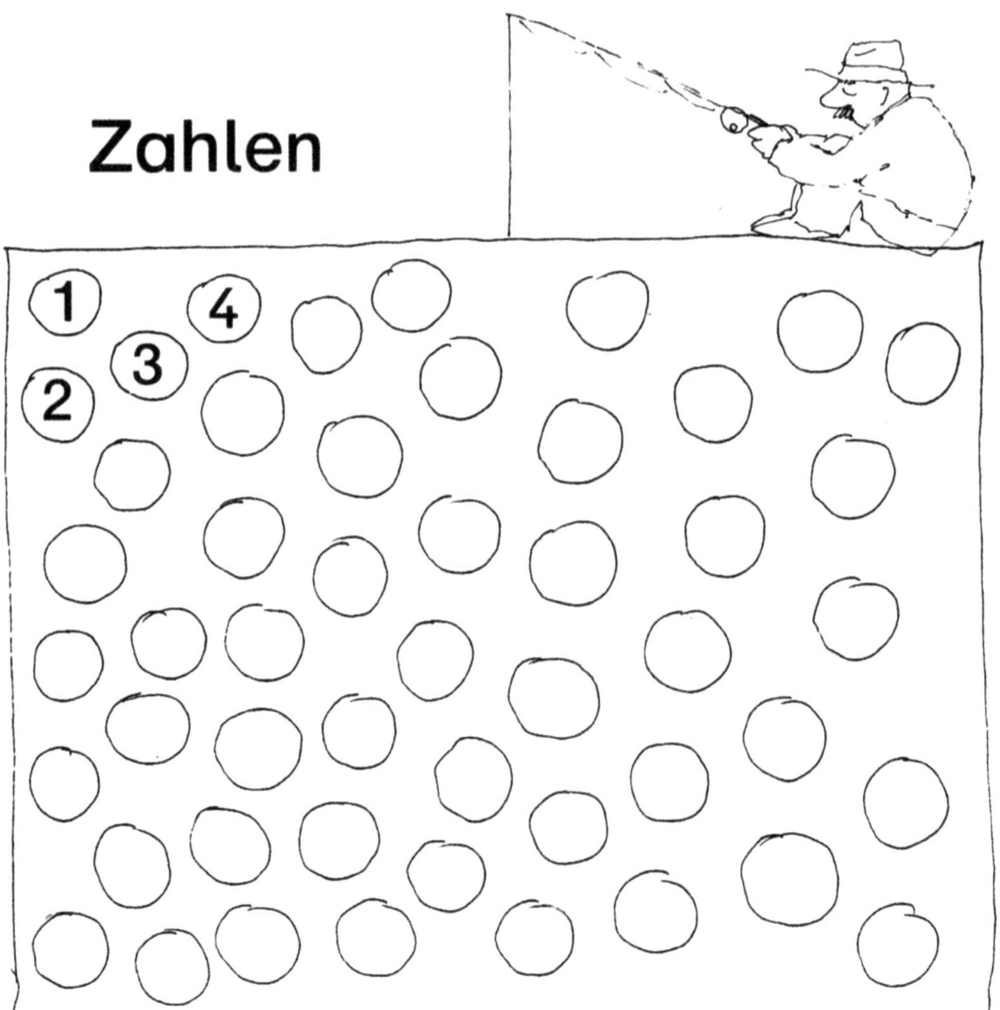

$1 + 1 =$

$2 + 1 =$

$3 + 2 =$

$5 + 1 =$

$4 + 5 =$

$6 + 6 =$

$7 + 7 =$

$9 + 1 =$

$8 + 1 =$

$10 + 1 =$

$10 + 2 =$

$10 + 3 =$

$10 + 4 =$

$10 + 5 =$

$10 + 6 =$

$10 + 7 =$

$10 + 8 =$

$10 + 9 =$

$10 + 10 =$

$2 + 2 =$

$3 + 2 =$

$4 + 2 =$

$6 + 2 =$

$5 + 2 =$

$7 + 2 =$

$8 + 2 =$

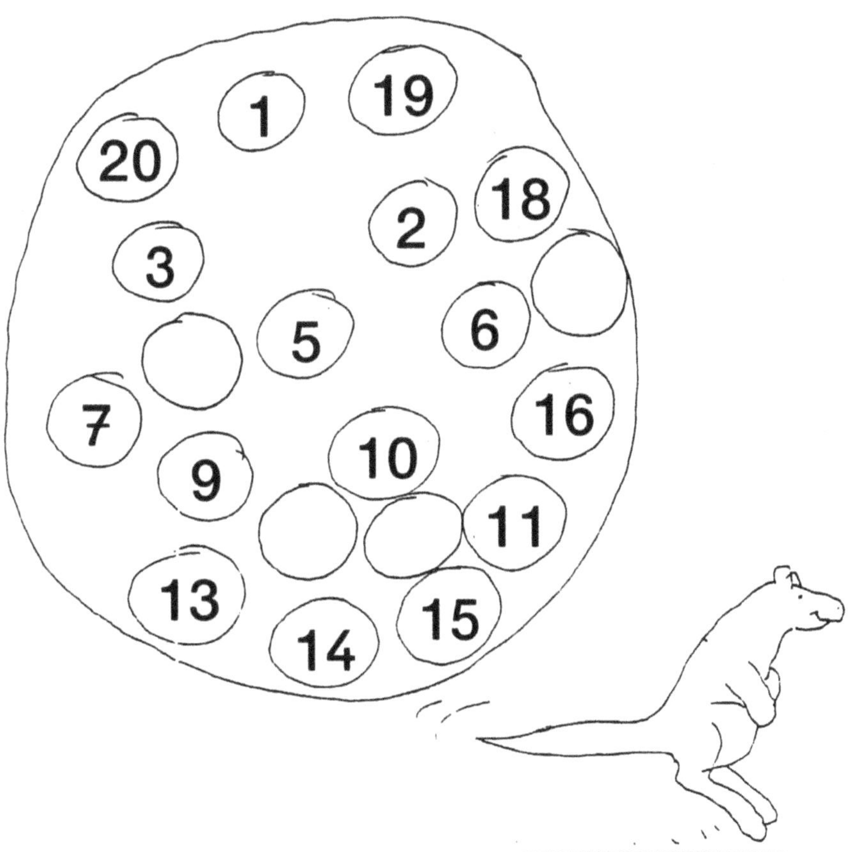

7 rot + ☐ blau = 10

8 rot + ☐ blau = 10

9 rot + ☐ blau = 10

6 rot + ☐ blau = 10

5 rot + ☐ blau = 10

4 rot + ☐ blau = 10

3 rot + ☐ blau = 10

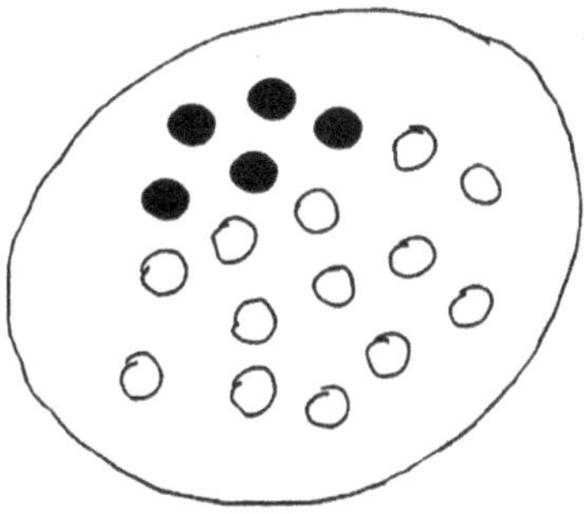

18 – =

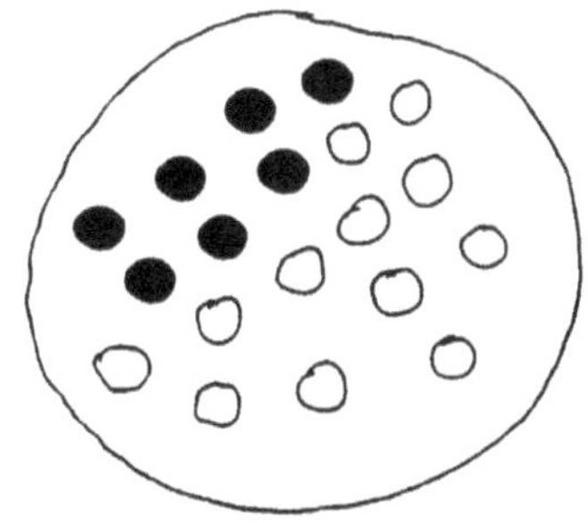

19 – =

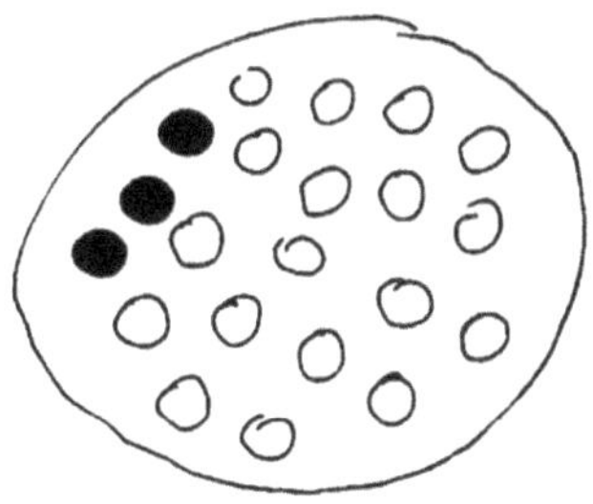

21 – =

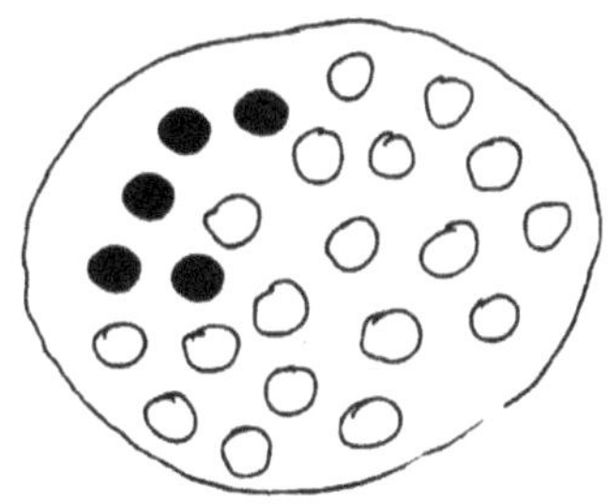

23 – =

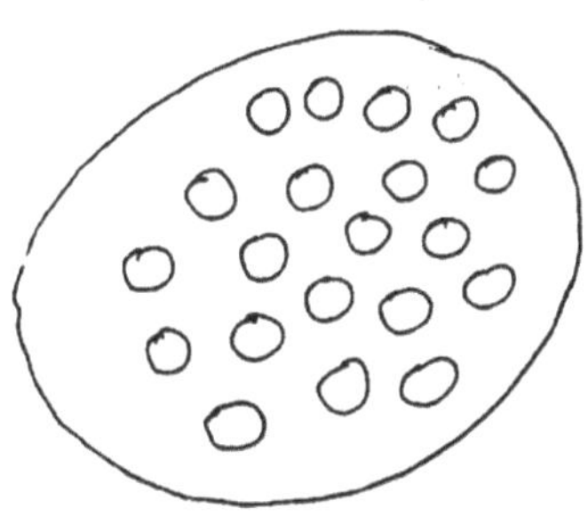

20 – 5 =

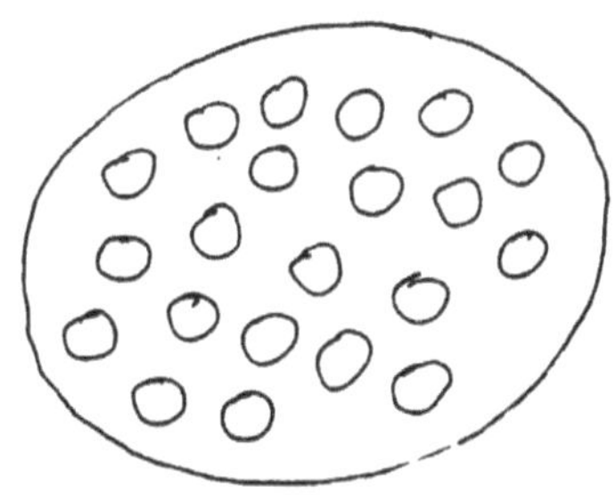

21 – 6 =

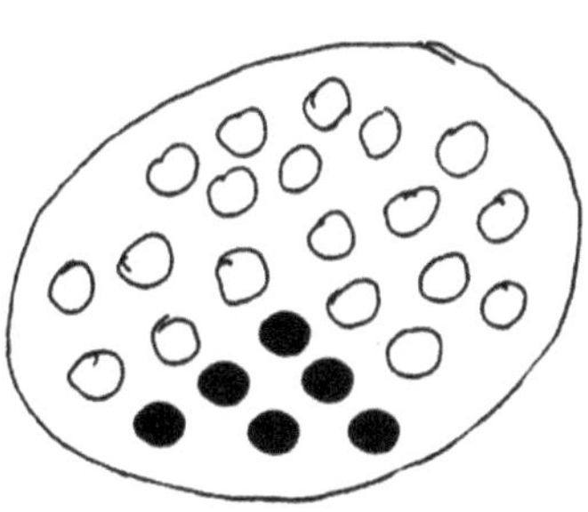

25 – =

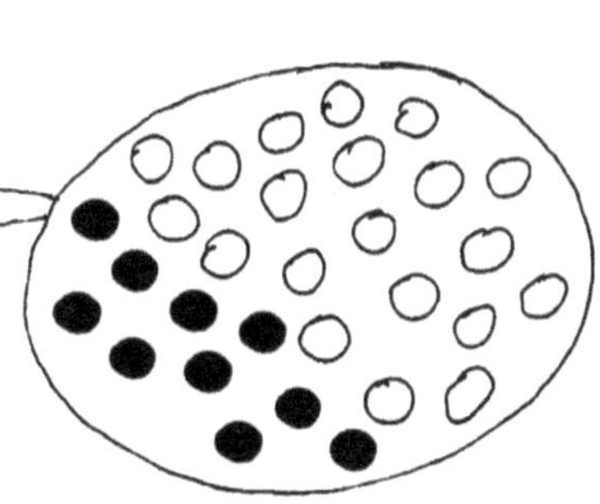

30 – =

2 + 2 + 2 =

3 + 3 + 3 =

4 + 4 + 4 =

5 + 5 + 5 =

3 + 7 =

2 + 8 =

4 + 6 =

1 + 9 =

6 + 6 =

7 + 7 =

8 + 8 =

9 + 9 =

10 + 3 =

10 + 7 =

10 + 9 =

10 + 10 =

8 + 2 + 1 =

7 + 3 + 2 =

9 + 1 + 5 =

6 + 4 + 3 =

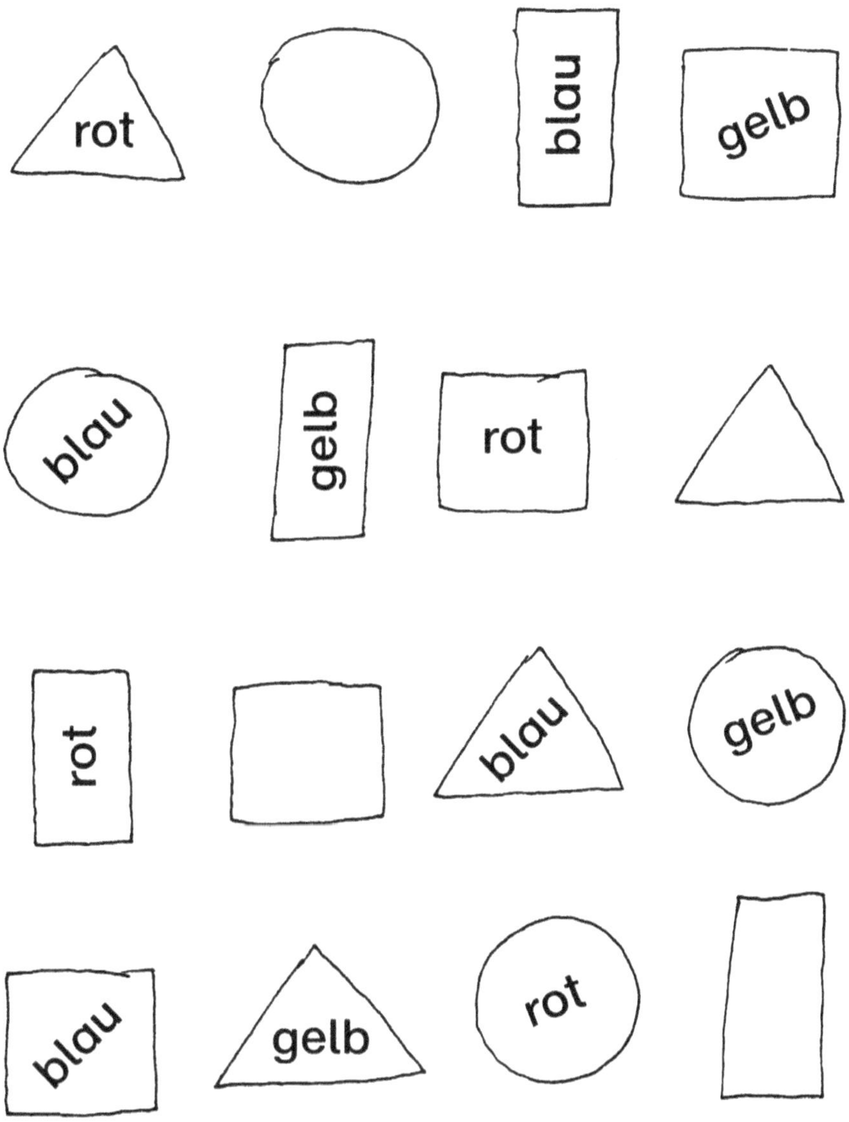

grün

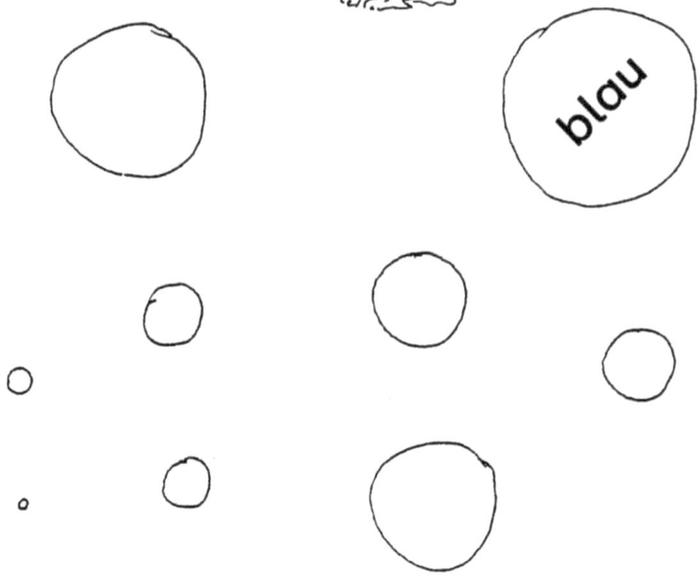

8	<	10
10	<	12
12	<	20
5	<	
7	<	
3	<	

größer – kleiner

14	>	12
13		11
15	<	18
14		20
17		16
15		18
15		14
13		100
19		10

größer – kleiner

8		11
14		13
13		16
16		20
9		12
18		18
20		30
40		50
30		20

größer – kleiner

21		20
25		24
27		70
3		30
23		33
50		100
100		50
70		71
100		100

größer – kleiner

2	<	3	<	4
7	<	8	<	9
12	<	13	<	
15	<	16	<	
17	<		<	
20	<		<	
22	<	23	<	
25	<		<	
100	<	101	<	102

1 + 1 =
2 + 2 =
3 + 3 =
4 + 4 =
5 + 5 =
6 + 6 =
7 + 7 =
8 + 8 =
9 + 9 =
10 + 10 =

1 + 1 + 1 =
2 + 2 + 2 =
3 + 3 + 3 =
4 + 4 + 4 =
5 + 5 + 5 =
6 + 6 + 6 =
7 + 7 + 7 =
8 + 8 + 8 =
9 + 9 + 9 =
10 + 10 + 10 =

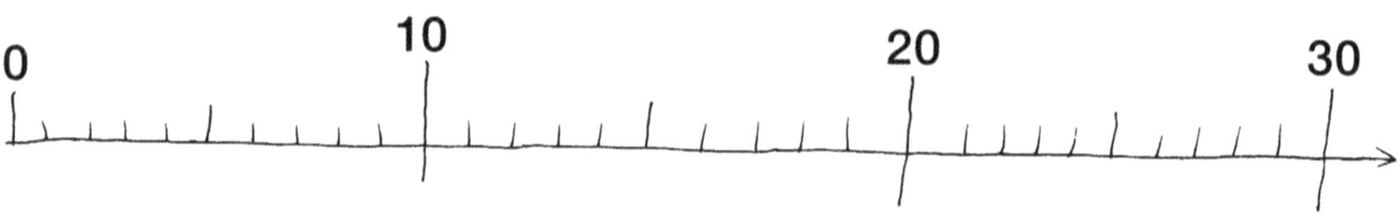

		30		50		70			

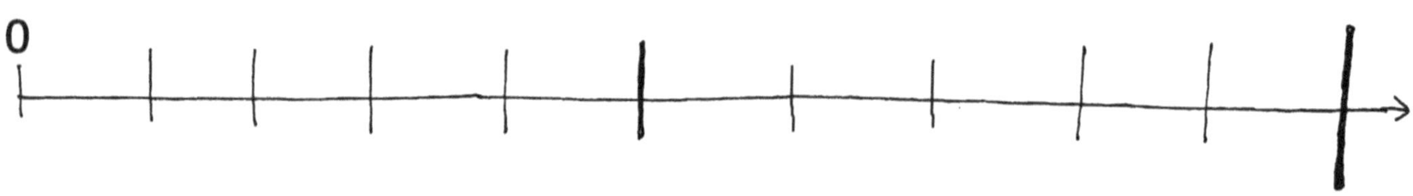

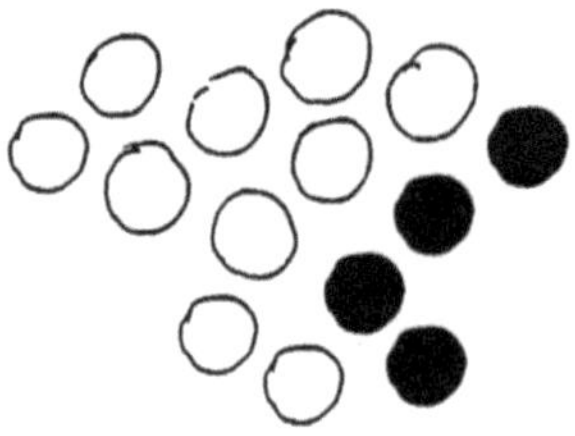

14 – 4 =

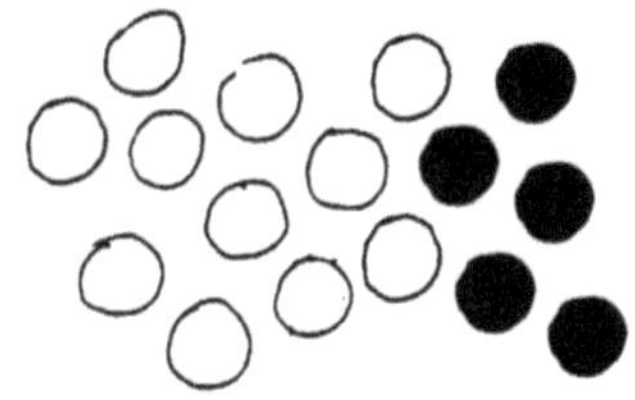

16 – 5 =

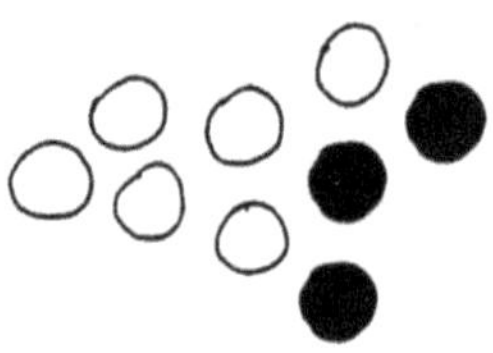

9 – 3 =

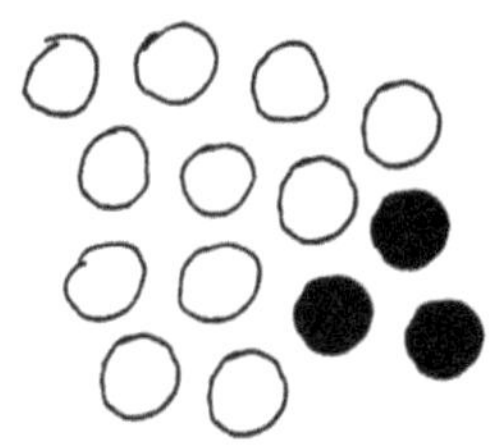

14 – 3 =

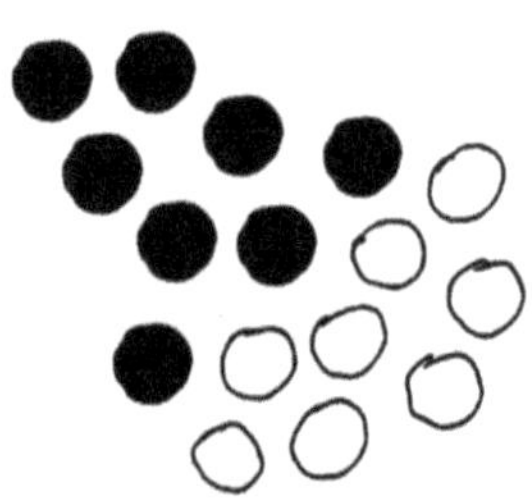

16 – 8 =

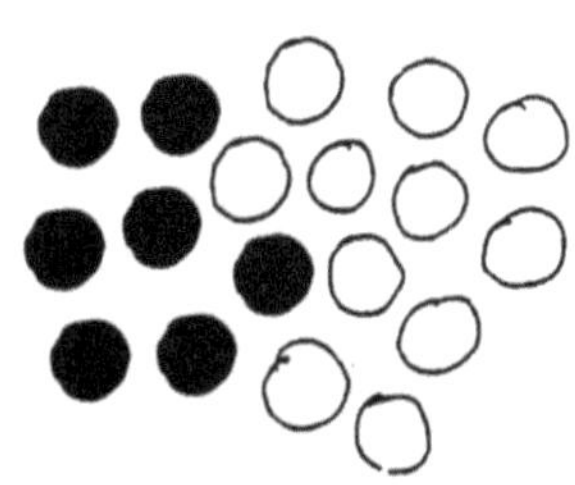

18 – 7 =

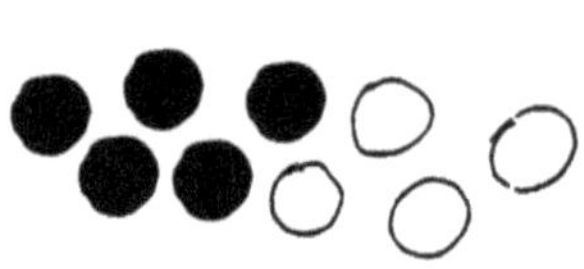

9 – 5 =

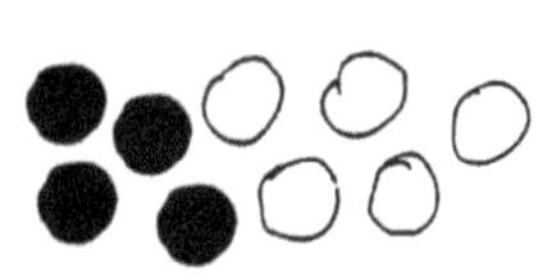

9 – 4 =

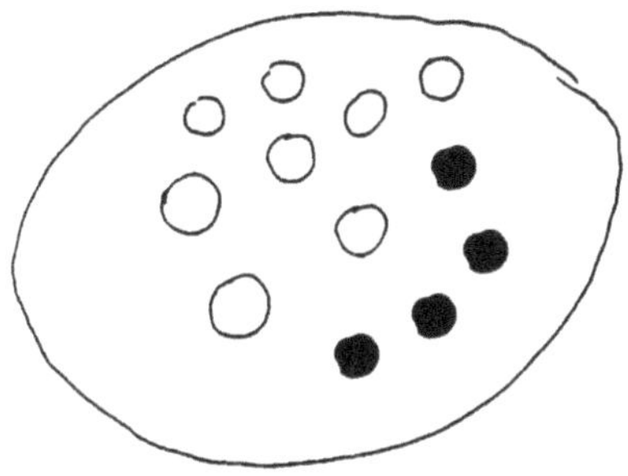

12 – 4 = ...

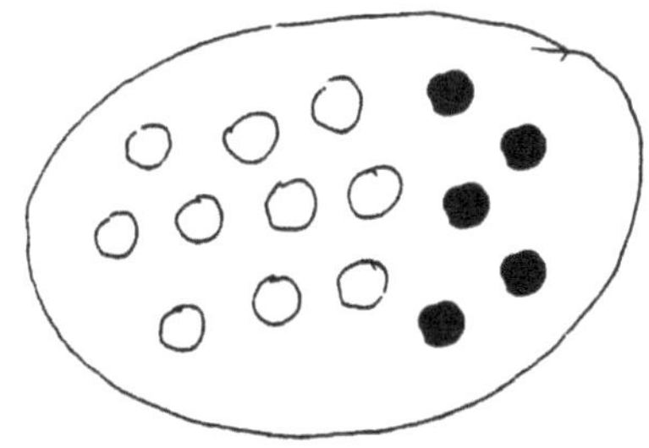

15 – 5 = ...

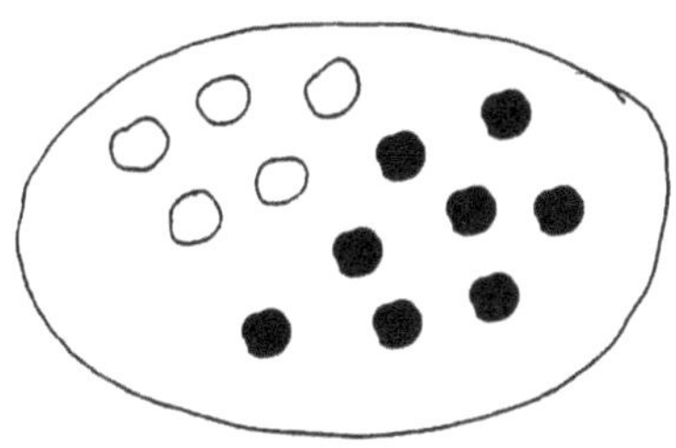

13 – 8 = ...

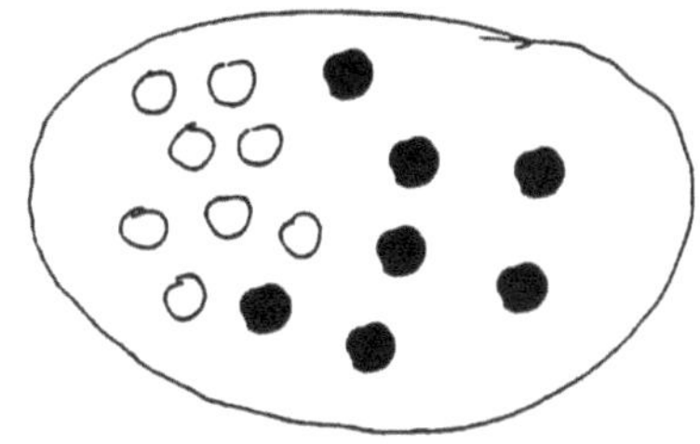

16 – 8 = ...

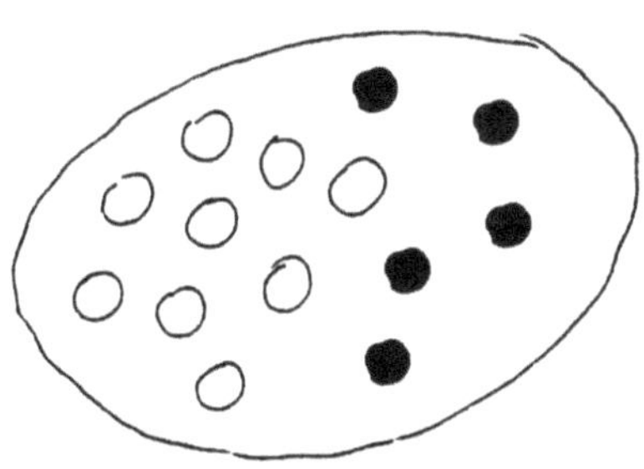

14 – 5 = ...

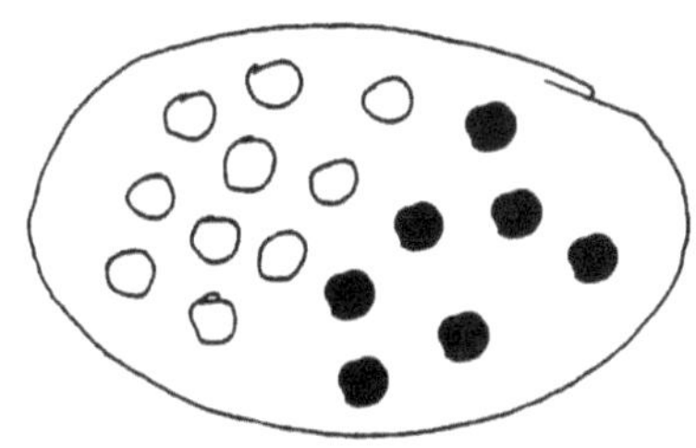

17 – 7 = ...

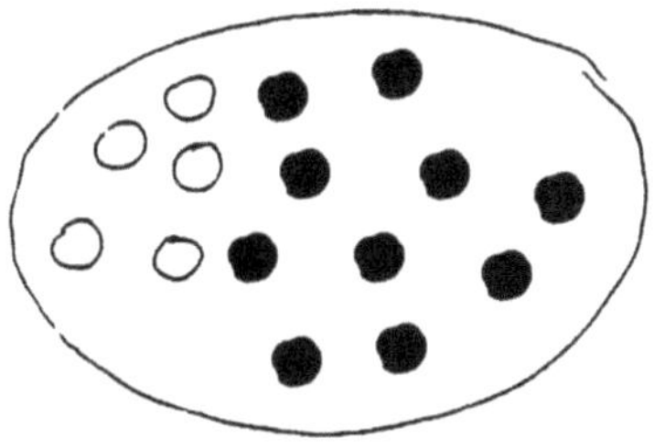

15 – 10 = ...

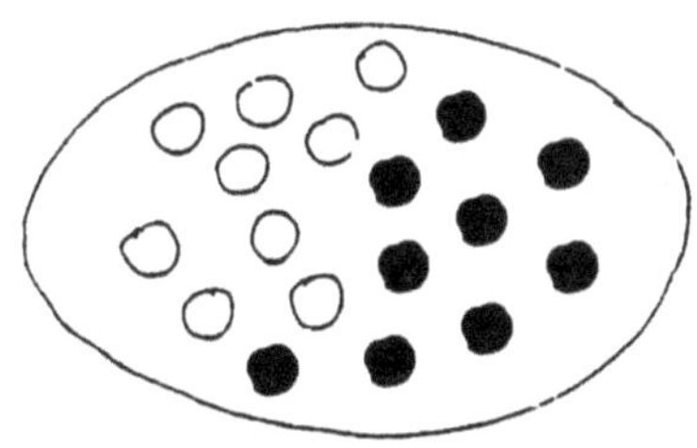

18 – 9 = ...

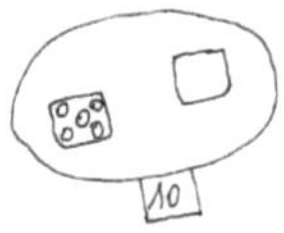

minus	minus	minus	minus
10 – 5 =	12 – 1 =	15 – 1 =	20 – 10 =
10 – 2 =	12 – 2 =	15 – 2 =	20 – 1 =
10 – 3 =	12 – 3 =	15 – 3 =	20 – 5 =
10 – 9 =	12 – 4 =	15 – 4 =	20 – 2 =
10 – 7 =	12 – 5 =	15 – 5 =	20 – 8 =
10 – 1 =	12 – 6 =	15 – 6 =	20 – 3 =
10 – 4 =	12 – 7 =	15 – 7 =	20 – 6 =
10 – 6 =	12 – 8 =	15 – 8 =	20 – 7 =
10 – 8 =	12 – 9 =	15 – 9 =	20 – 20 =

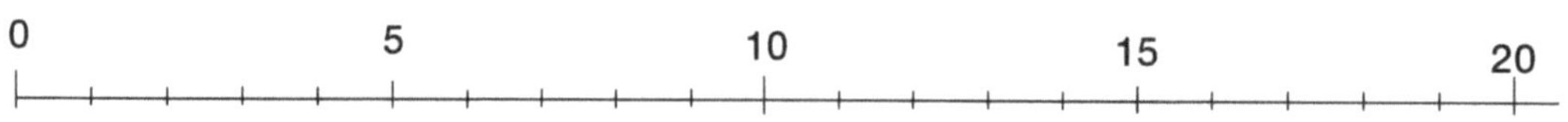

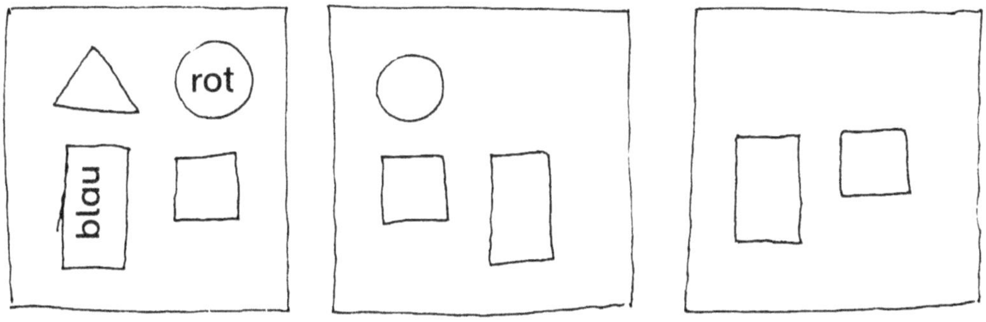
rot
blau

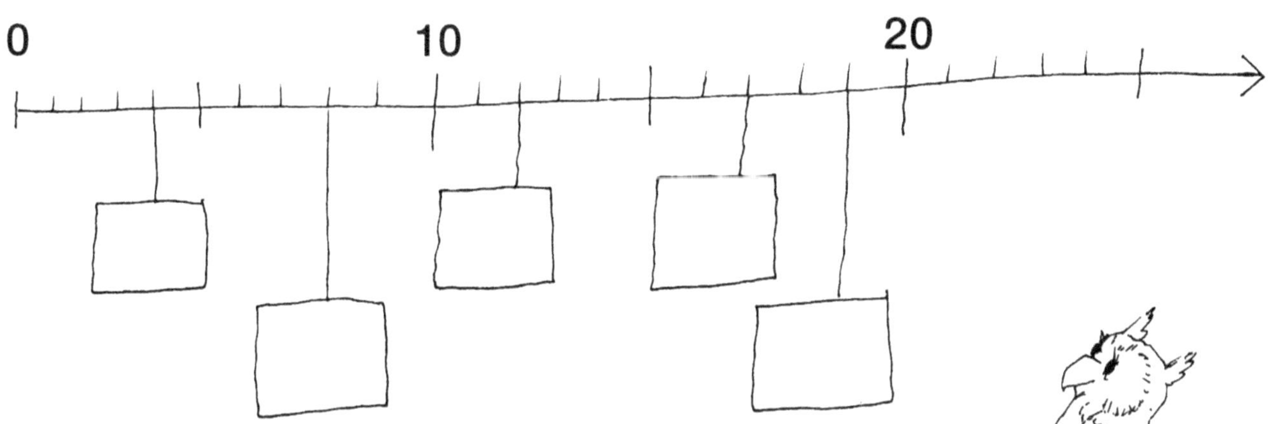
0
10
20

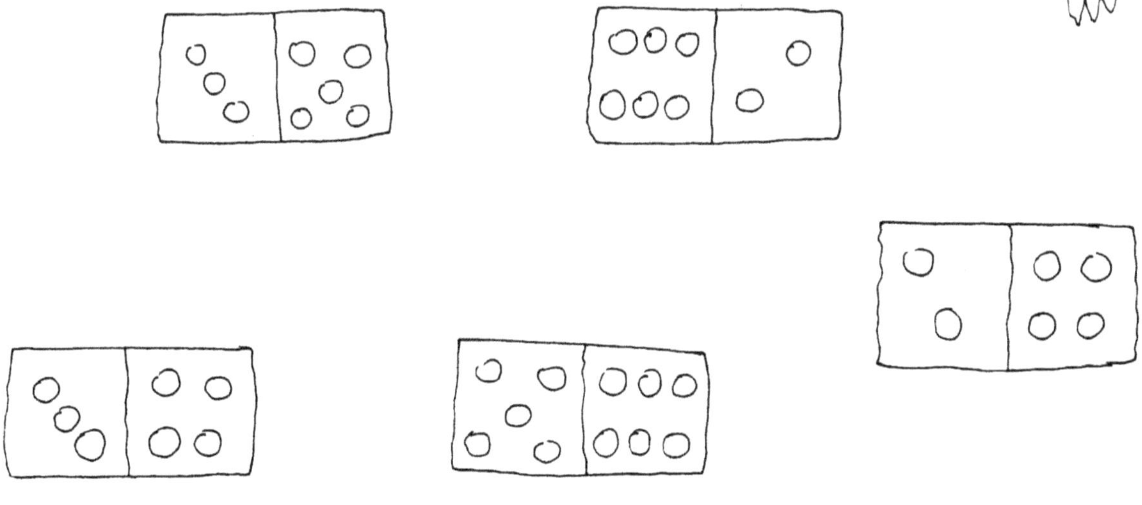

2 + 4 =
3 + 3 =
1 + 5 =

5 + 5 =
7 + 3 =
6 + 4 =

3 + 4 =
5 + 2 =
1 + 6 =

3 + 6 =
4 + 5 =
8 + 1 =

4 + 4 =
5 + 3 =
6 + 2 =

10 + 1 =
10 + 2 =
10 + 3 =
10 + 4 =

1 + 4 =
2 + 3 =
4 + 1 =

1 + 9 =
2 + 8 =
3 + 7 =
4 + 6 =
5 + 5 =

6 + 4 =
7 + 3 =
8 + 2 =
9 + 1 =
10 + 0 =

10 + 1 =
10 + 2 =
10 + 3 =
10 + 4 =
10 + 5 =

10 + 6 =
10 + 7 =
10 + 8 =
10 + 9 =
10 + 10 =

1 + = 10
2 + = 10
3 + = 10
4 + = 10
5 + = 10

6 + = 10
7 + = 10
8 + = 10
9 + = 10
10 + 0 =

10 + = 11
10 + = 12
10 + = 13
10 + = 14
10 + = 15

10 + = 16
10 + = 17
10 + = 18
10 + = 19
10 + = 20

rot blau gelb grün lila rot

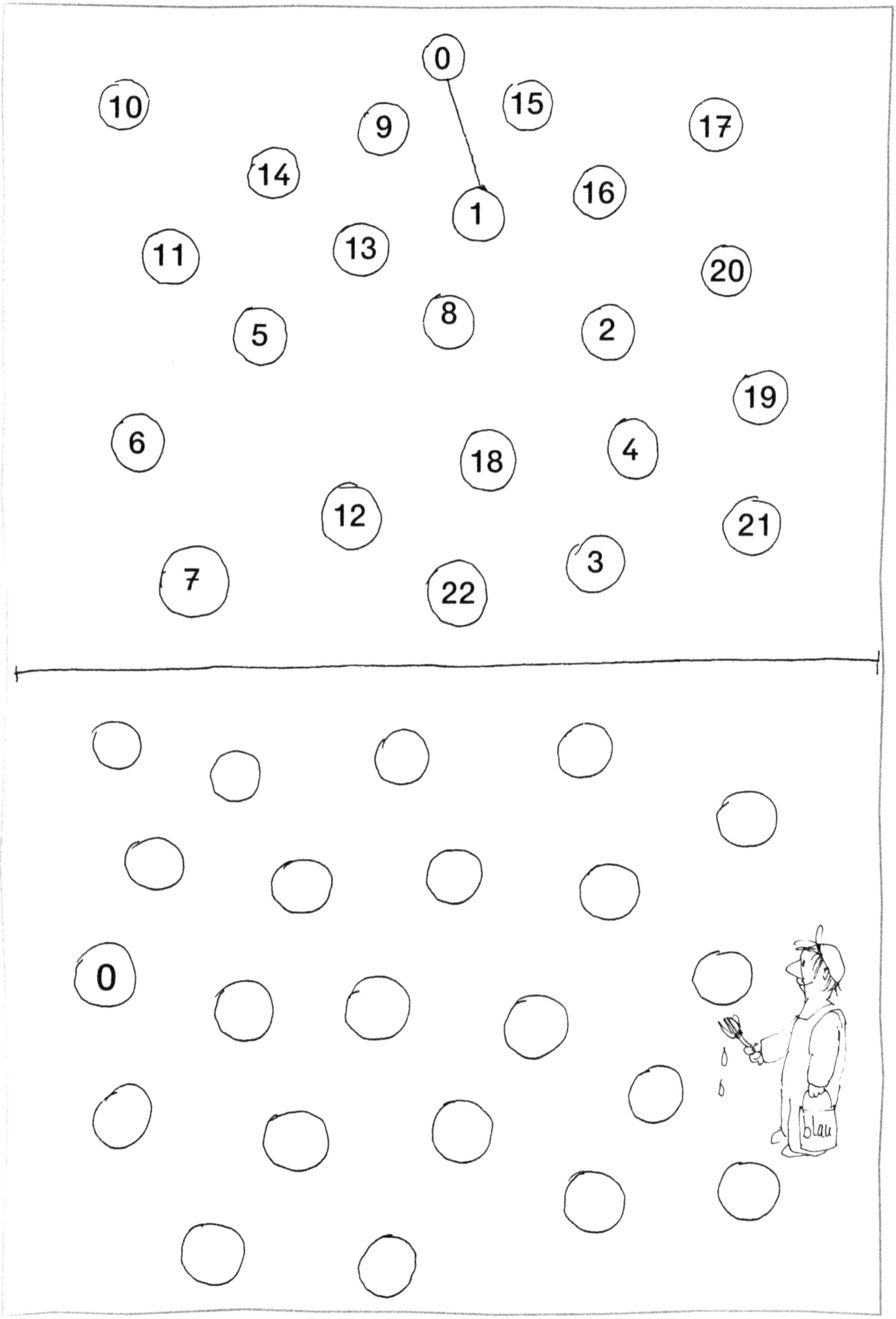
0
10
15
9
17
14
16
1
11
13
20
8
5
2
19
6
4
18
12
21
7
3
22
0
blau

15
grün
rot
blau
gelb

rot
blau
gelb
grün
gelb
rot
grün
blau
rot
blau
rot
blau
rot
rot

$2 + 3 + 4 =$

$3 + 2 + 4 =$

$4 + 4 + 1 =$

$2 + 2 + 5 =$

$5 + 2 + 2 =$

$1 + 6 + 2 =$

$3 + 3 + 3 =$

$1 + 2 + 3 =$

$1 + 3 + 2 =$

$2 + 2 + 2 =$

$3 + 1 + 2 =$

$4 + 1 + 1 =$

$2 + 1 + 3 =$

$1 + 4 + 1 =$

$5 + 1 + 1 =$

$4 + 2 + 1 =$

$3 + 3 + 1 =$

$2 + 4 + 1 =$

$1 + 5 + 1 =$

$2 + 3 + 2 =$

$3 + 2 + 2 =$

$6 + 3 + 1 =$

$5 + 3 + 2 =$

$4 + 3 + 3 =$

$3 + 3 + 4 =$

$2 + 3 + 5 =$

$1 + 3 + 6 =$

$5 + 4 + 1 =$

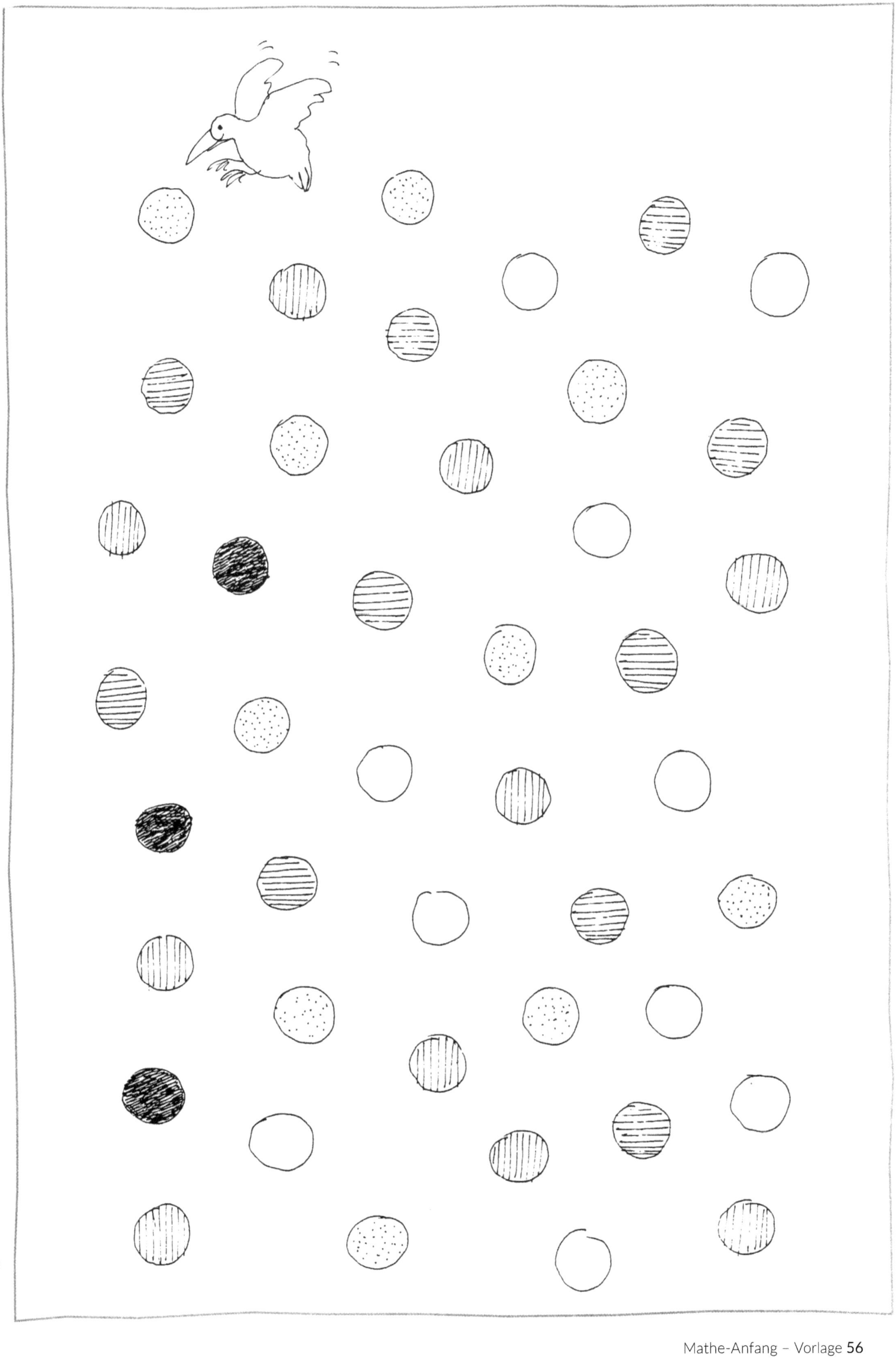

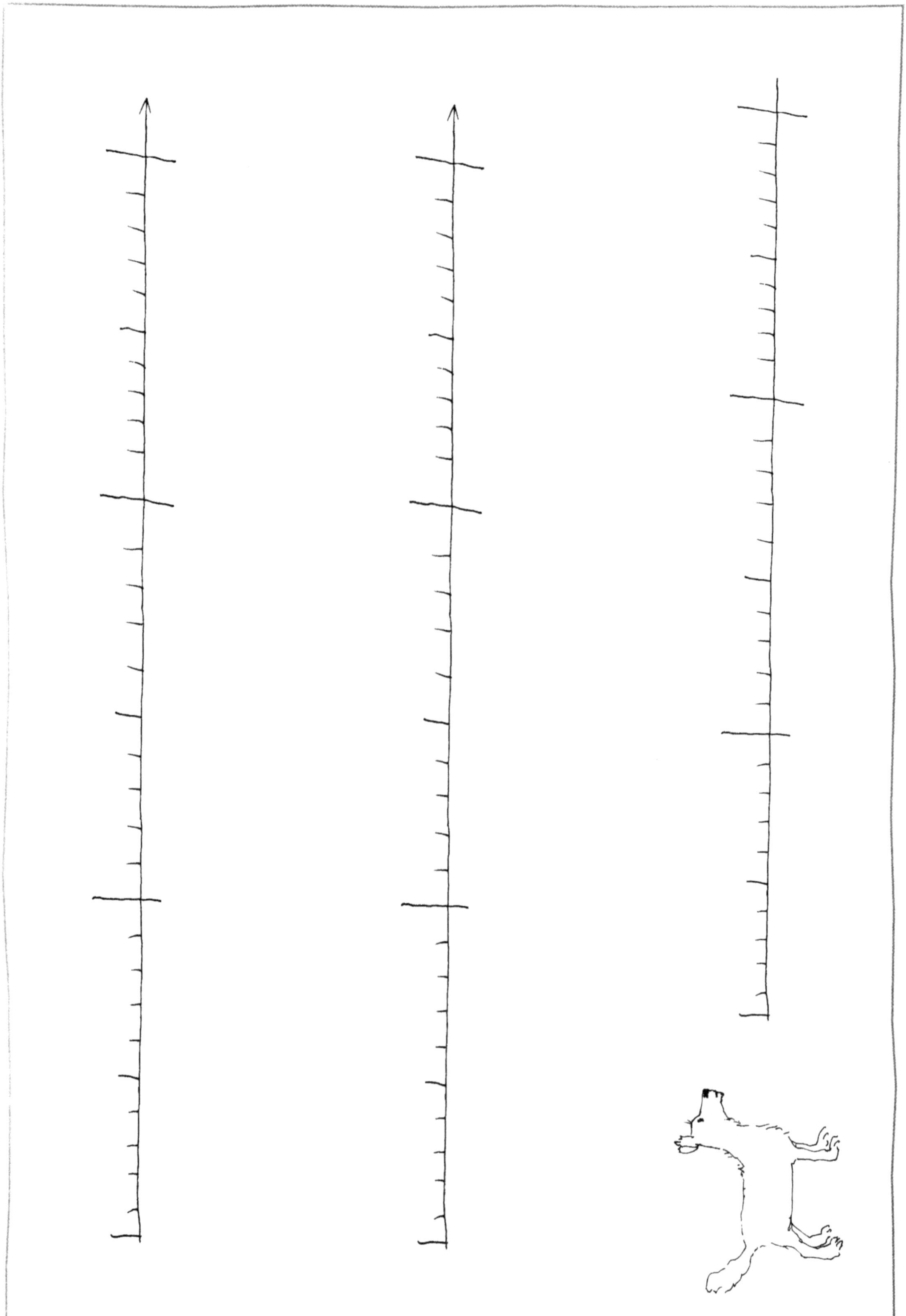

☐	+	☐	= 12	☐	+	☐	= 10
☐	+	☐	= 14	☐	+	☐	= 13
☐	+	☐	= 16	☐	+	☐	= 15
☐	+	☐	= 18	☐	+	☐	= 17
☐	+	☐	= 20	☐	+	☐	= 19

1 2 3 4 5 6 7 8 9 10 11 12 13 14 15 16 17 18

18 – 9 = ☐

1 2 3 4 5 6 7 8 9 10 11 12 13 14 15 16 17

17 – 5 = ☐

1 2 3 4 5 6 7 8 9 10 11 12 13 14 15 16 17

17 – 14 = ☐

1 2 3 4 5 6 7 8 9 10 11 12 13 14 15 16

16 – 9 = ☐

3	4	5	6
rot	blau	gelb	grün

2 + 2 + 2 + 2 + 2 =

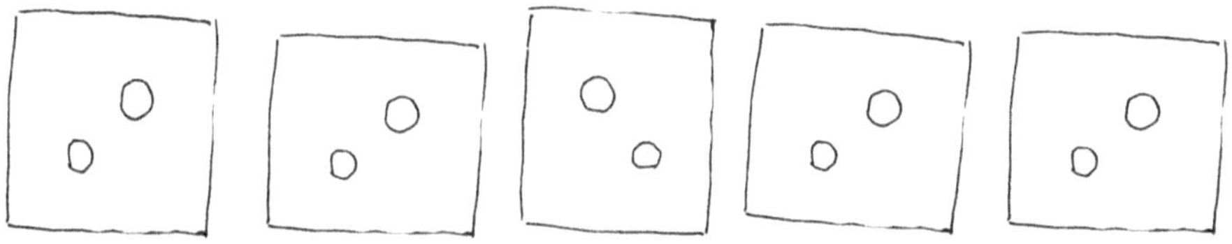

3 + 3 + 3 + 3 + 3 =

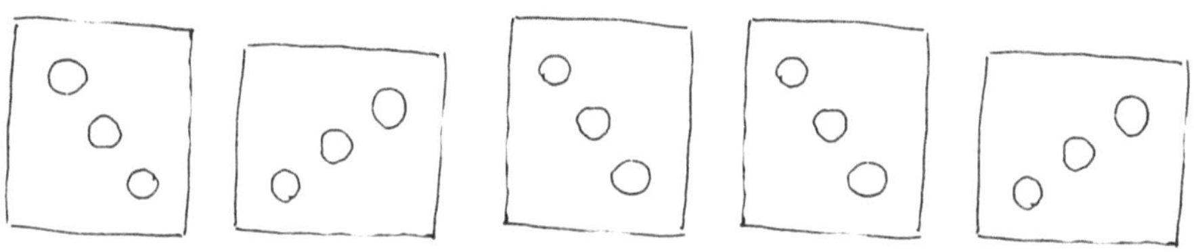

4 + 4 + 4 + 4 + 4 =

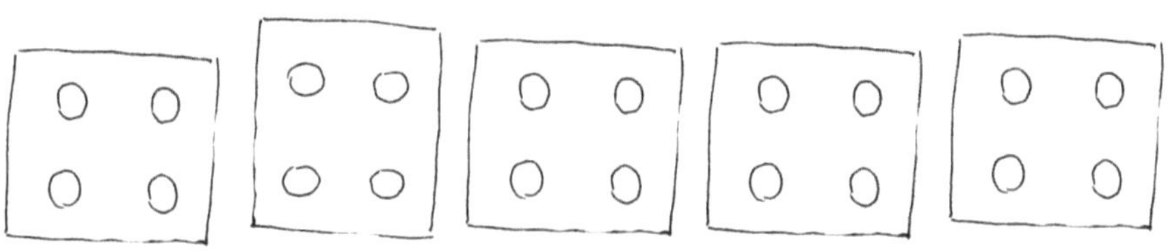

5 + 5 =

5 + 5 + 5 =

5 + 5 + 5 + 5 =

7 Farben: rot, blau, gelb, grün, braun, lila, schwarz

2 + 3 =		5	= 2 +	
1 + 3 =		4	= 3 +	
3 + 3 =		6	= 3 +	
1 + 4 =		5	= 1 +	
5 + 2 =		7	= 5 +	
1 + 5 =		6	= 1 +	
2 + 4 =		6	= 2 +	
3 + 4 =		7	= 3 +	
5 + 3 =		8	= 5 +	
4 + 5 =		9	= 4 +	
5 + 5 =		10	= 5 +	

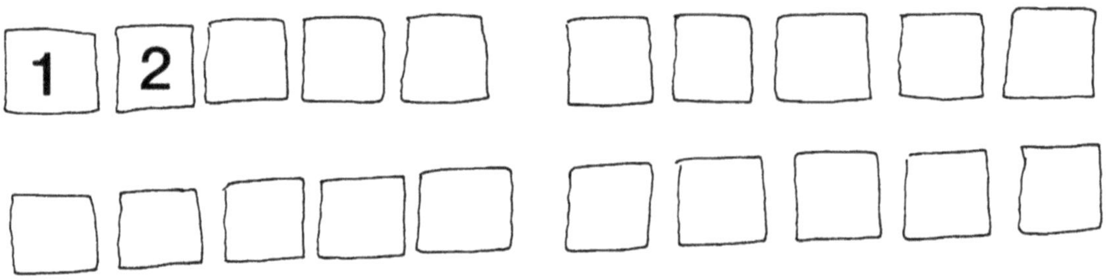

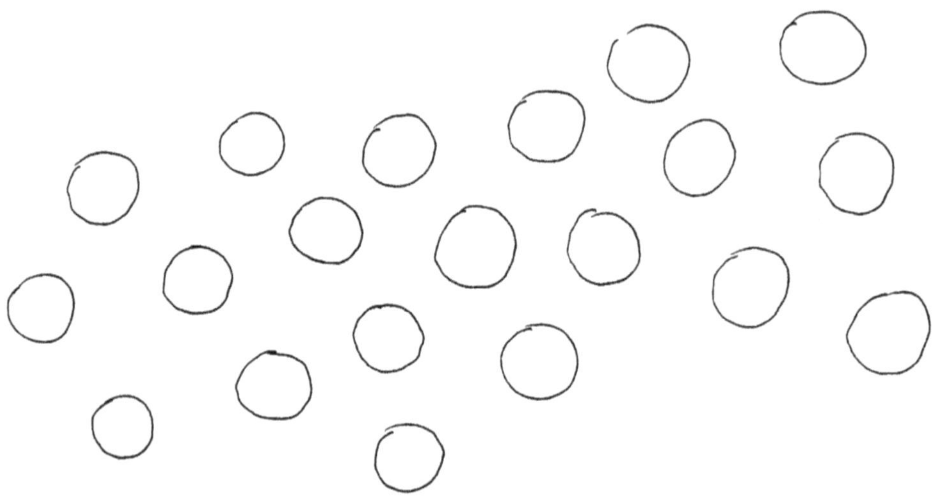

$10 + 5 =$

$10 + 7 =$

$12 + 4 =$

$15 + 1 =$

$15 + 5 =$

$15 - 5 =$

$17 - 7 =$

$16 - 4 =$

$16 - 1 =$

$20 - 5 =$

7
5
12

7 + 5 =

5 + 7 =

12 − 7 =

12 − 5 =

5
10
15

5 + 10 =

10 + 5 =

15 − 10 =

15 − 5 =

8
6
14

8 + 6 =

6 + 8 =

14 − 8 =

14 − 6 =

12
8
20

12 + 8 =

8 + 12 =

20 − 12 =

20 − 8 =

1

2 + 4 =

3 + 2 =

5 + 4 =

6 + 2 =

1 + 5 =

7 + 2 =

8 + 3 =

4 + 2 =

5 + 5 =

3 + 3 =

2

3 + 4 =

4 + 2 =

6 + 4 =

7 + 2 =

2 + 5 =

8 + 2 =

9 + 13 =

5 + 2 =

6 + 5 =

4 + 3 =

3

20 – 2 =

14 – 4 =

15 – 3 =

16 – 1 =

13 – 2 =

17 – 5 =

19 – 4 =

18 – 3 =

11 – 2 =

20 – 9 =

4

20 – 1 =

14 – 3 =

15 – 2 =

16 – 0 =

13 – 1 =

17 – 4 =

19 – 3 =

18 – 2 =

11 – 1 =

20 – 8 =

9 + = 10
8 + = 10
7 + = 10
6 + = 10
5 + = 10
4 + = 10
3 + = 10
2 + = 10
1 + = 10

10 + = 12
9 + = 12
8 + = 12
7 + = 12
6 + = 12
5 + = 12
4 + = 12
3 + = 12
2 + = 12

10 + = 20
11 + = 20
12 + = 20
13 + = 20
14 + = 20
15 + = 20
16 + = 20
17 + = 20
18 + = 20
19 + = 20

10 + = 15
9 + = 15
8 + = 15
7 + = 15
6 + = 15
5 + = 15
4 + = 15
3 + = 15
2 + = 15
1 + = 15

doppelt

4 |

halb

doppelt

5 |

halb

doppelt

6 |

halb

doppelt

10 |

halb

doppelt

8 |

halb

doppelt

50 |

halb

doppelt

B |

halb

doppelt

100 |

halb

doppelt

M |

halb

doppelt

O |

halb

+	1	2	3	4	5
1	2		4		6
2					
3		5			
4			7		
5				9	
6	7				11

	1	2	3	4	5	6
A						6A
B			3B			
C						
D		2D				
E						
F					5F	
G				4G		

< > =

8	12
4	3
1	10
7	9
12	15

11	11
14	18
20	18
12	13
20	10

4	1
6	6
9	11
9	7
20	21

2 + 5 =
4 + 3 =
1 + 6 =

2 + 10 =
4 + 8 =
3 + 9 =

2 + 4 =
3 + 3 =
1 + 5 =

4 + 5 =
3 + 6 =
1 + 8 =
2 + 7 =

10 + 3 =
10 + 4 =
10 + 5 =
10 + 6 =

10 + 7 =
10 + 8 =
10 + 9 =
10 + 10 =

1	2	3	4	5	6	7	8	9	10

11	12	13	14	15	16	17	18	19	20	21	22	23

10 + 4 =
10 + 8 =
10 + 7 =
10 + 5 =
10 + 3 =
10 + 6 =
10 + 2 =

12 + 4 =
12 + 8 =
12 + 7 =
12 + 5 =
12 + 3 =
12 + 6 =
12 + 2 =

20 – 10 =
20 – 5 =
20 – 2 =
20 – 8 =
20 – 6 =
20 – 4 =
20 – 7 =

18 – 10 =
18 – 5 =
18 – 2 =
18 – 8 =
18 – 6 =
18 – 4 =
18 – 7 =

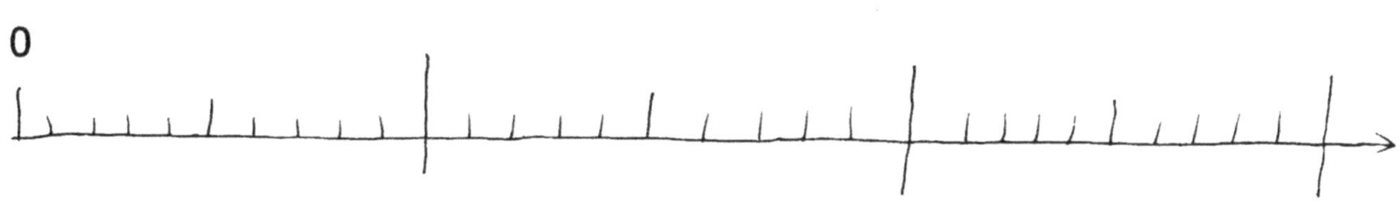

10		30							100

2 + 5 =	2 + 5 =	7 − 2 =
3 + 5 =	2 + 6 =	8 − 5 =
4 + 5 =	2 + 7 =	9 − 2 =
5 + 5 =	2 + 8 =	10 − 8 =

6 + 5 =	6 + 5 =	11 − 6 =
7 + 5 =	6 + 6 =	12 − 7 =
8 + 5 =	6 + 7 =	13 − 6 =
9 + 5 =	6 + 8 =	14 − 9 =

12 7 5

	+		=
	+		=
	−		=
	−		=

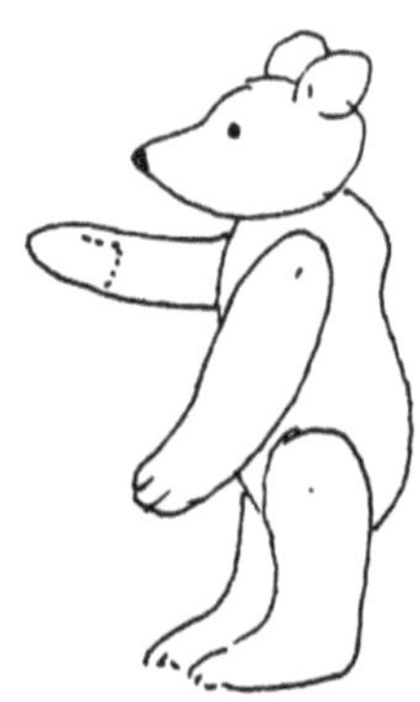

8 7 **15**

	+		=
	+		=
	−		=
	−		=

4	12	20	23	25	30	32	41

1	2	3	4	5	6	7	8	9	10	11	12
2	4	6	8								
3	6	9									

$23 + 7 + 4 =$

$37 + 3 + 5 =$

$42 + 8 + 6 =$

$51 + 9 + 3 =$

$68 + 2 + 7 =$

$23 + 7 + 4 + 6 =$

$37 + 3 + 5 + 5 =$

$42 + 8 + 6 + 4 =$

$51 + 9 + 3 + 7 =$

$68 + 2 + 7 + 3 =$

$10 + 10 + 10 + 10 + 10 + 10 + 10 + 10 =$

$10 + 10 + 10 + 10 + 10 + 10 + 10 =$

$10 + 10 + 10 + 10 + 10 + 10 + 10 + 10 + 10 =$

Das Zweier-Einmaleins

2 = 2

2
2

2
2
2

2 2
2 2

2 2
2
2 2

2 2
2 2
2 2

2 2 2 2 2
2 2 2 2 2

2 2 2 2 2
2 2

2 2 2 2 2
2 2 2

2 2 2
2 2 2
2 2 2

Das Zehner-Einmaleins

10

10
10

10
10
10

10 10
10 10

10 10
10
10 10

10 10
10 10
10 10

10 10 10 10 10
10 10 10 10 10

10 10 10 10 10
10 10

10 10 10 10 10
10 10 10

10 10 10
10 10 10
10 10 10

Das Fünfer-Einmaleins

5 = 5

5
5

5
5
5

5 5
5 5

5 5
5
5 5

5 5
5 5
5 5

5 5 5 5 5
5 5 5 5 5

5 5 5 5 5
5 5 5

5 5 5 5 5
5 5

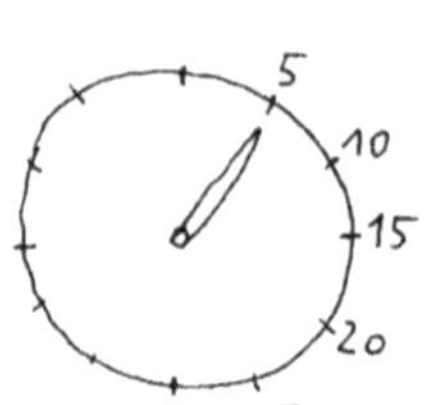

5 5 5
5 5 5
5 5 5

20 + 7 =

30 + 4 =

40 + 5 =

50 + 3 =

60 + 2 =

70 + 8 =

80 + 1 =

90 + 6 =

27 – 7 =

34 – 4 =

45 – 5 =

53 – 3 =

62 – 2 =

78 – 8 =

81 – 1 =

96 – 6 =

23 + 7 =

35 + 5 =

42 + 8 =

51 + 9 =

23 + 7 + 2 =

35 + 5 + 1 =

42 + 8 + 5 =

51 + 9 + 6 =

23 + 7 + 2 + 8 =

35 + 5 + 1 + 9 =

42 + 8 + 5 + 5 =

51 + 9 + 6 + 4 =

3 + 3 + 3 =

2 + 2 + 2 =

8 + 8 + 8 =

4 + 4 + 4 =

1 + 1 + 1 =

9 + 9 + 9 =

5 + 5 + 5 =

6 + 6 + 6 =

7 + 7 + 7 =

6	10	12	8	20	23	50	
	20						

das Doppelte

1	2		4				8		
11	12			15		17			
21		23				27		29	30
31	32		34		36	37			40
		43							50
51				55		57		59	
61		63		65	66				70
71					76			79	80
81	82	83	84	85	86	87	88		90
91								99	

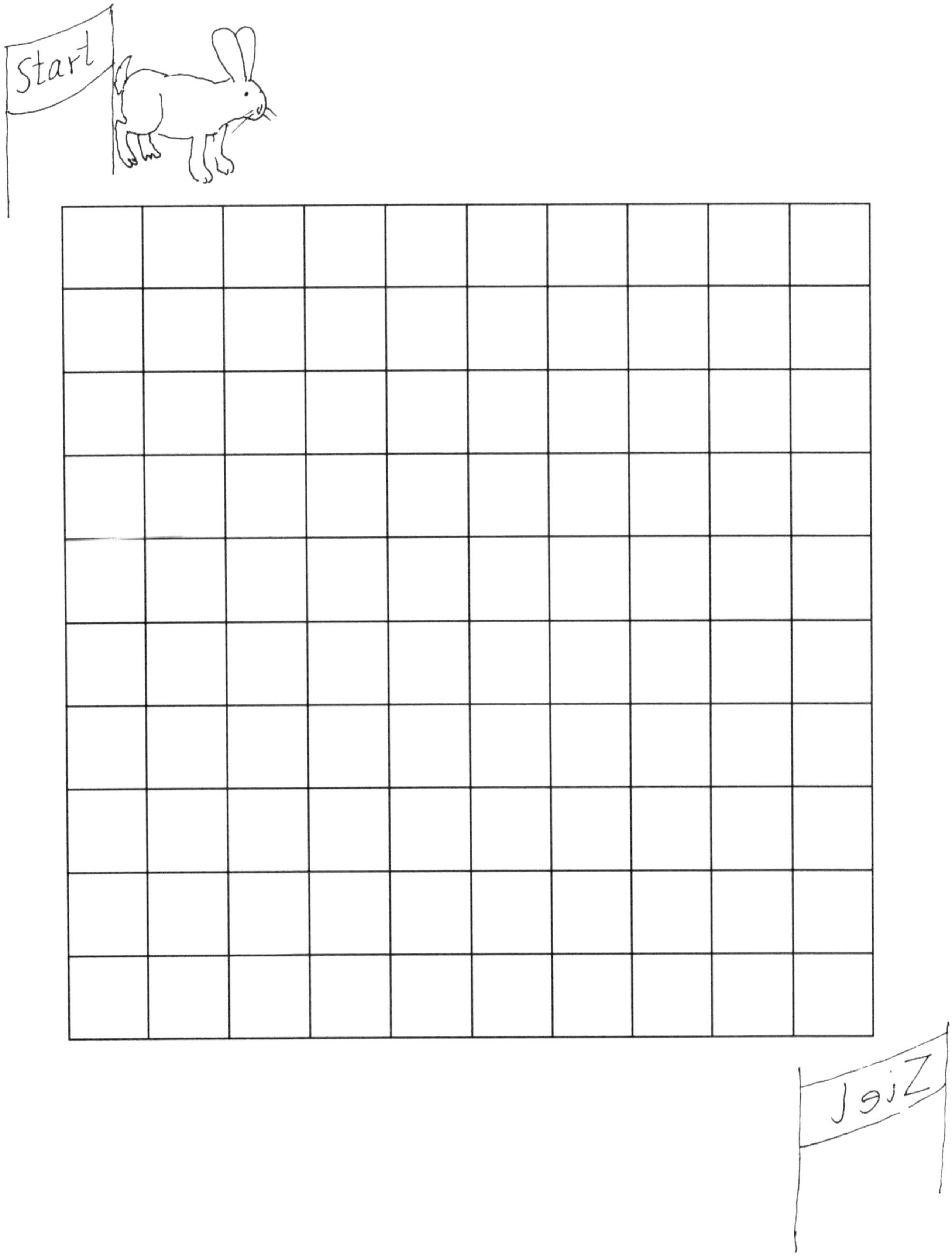
Start
Ziel

Das Dreier-Einmaleins

3 = 3

3
3

3
3
3

3 3
3 3

3 3
3
3 3

3 3
3 3
3 3

3 3 3 3 3
3 3 3 3 3

3 3 3 3 3
3 3

3 3 3 3 3
3 3 3

3 3 3
3 3 3
3 3 3

Das Vierer-Einmaleins

4

4
4

4
4
4

4 4
4 4

4 4
4
4 4

4 4
4 4
4 4

4 4 4 4 4
4 4 4 4 4

4 4 4 4 4
4 4

4 4 4 4 4
4 4 4

4 4 4
4 4 4
4 4 4